侍酒師的表現力

向世界第一品飲專家學習精確傳達口味&感受的說話技巧，
豐富人生各方面都能派上用場的表現力

積木文化

審訂序

「如果顧客想喝加冰塊的紅葡萄酒，那就幫他加吧！」，這是首次閱讀田崎真也（Tasaki Shinya）先生的著作《暢飲葡萄酒的 200 點秘方》一書後，印象最深的觀點之一。從此也隨時提醒自己，莫忘侍酒師的本質首重「服務」，而不是一味地想顯露專業知識或是提高營業額。並且讓我時常思考關於葡萄酒專業語言的傳達問題，畢竟，如何讓不太喝葡萄酒的人，也能輕鬆自在地享受餐點與葡萄酒搭配的美味與樂趣，更是侍酒師的主要任務。

真正遇見田崎先生卻是前年的事情了，在香港的葡萄酒論壇演講中。因時間關係，無法與他交談，但個子不高的田崎先生總給人一種充滿蓄勢待發的感覺。

田崎先生在亞洲葡萄酒界中一直是個重要的人物，自一九九五年獲得世界侍酒師大賽冠軍（亞洲第一人）後，在日本陸續開辦葡萄酒相關課程，主持電視節目、演講，出版雜誌與書籍，開餐廳、小酒館，與玻璃工廠合作設計葡萄酒專用酒杯，甚至在自己的網站上販售葡萄酒。如此活躍的表現，使得他於二〇〇七年便開始擔任國際侍酒師協會（ASI: Association de la Sommellerie Internationale）的技術委員，接著擔任副會長，一直到二〇一〇年開始接任會長，甚至二〇一三年繼續連任。

讓我驚訝的是，看似忙碌的田崎先生，竟然在這二十年之間，出版了四十多本相關著作（這點令我汗顏），除了葡萄酒外還廣泛地涉及料理、日本酒與咖啡。

本書並不著重在教導讀者如何成為一位侍酒師，反而是透過侍酒師來闡明：經過重新訓練的嗅覺與其他感知來再次探索與思考當下的世界與現象，自身的觀察力與表現力增進後，自然能增加人生美感的體驗！書中沒有類似小說般太優美的文藻修飾，也無艱澀難懂的微言大義。不過，心直口快、一針見血、敢怒敢言的語句，似乎不難看出田崎先生直爽與富邏輯判斷的個性。

「像這種人下次吃到鮪魚肚時，就會讚嘆說：『哇，這完全不像魚啊！』我不禁想向電視螢幕吐槽，那你到底在吃什麼啊？」

或是認為說出類似「雖然是羊肉，卻出乎意外地沒有腥味」、「這個蛋糕不會太甜！」這種話的人相當失禮，但君不見有眾多類似的言語出現在多少美食部落客或是老饕口中。而真正可怕的是，在資訊快速傳遞的時代，三人成虎、以訛傳訛的情況下，是否後來反而成為一種喪失邏輯的偽真呢？

最後，不禁讓我想起海德格（Matin Heidegger）評論梵谷（Van Gogh）《農鞋》畫中那雙鞋子到藝術本質的討論。起初是充滿現象學的刻畫與描述，進而回歸美學為生命帶來藝術性與本質，藝術最終將帶領人類進入光亮的世界！不過海德格並沒有教導大家，其實只要從簡單地訓練包含嗅覺的五感開始，我們便可以感受身旁更多的美，如此一來，便會像是本書的最後一段話：「相信你的人生會有截然不同的變化！」

各位，準備好用其他的感官來探索週遭的世界了嗎？

知名侍酒師　聶汎勳

【審訂者簡介】

連續兩年（2010～2011）獲得「台灣最佳法國酒侍酒師比賽」亞軍。
法國食品協會、台灣酒研學苑、台灣侍酒師協會的專業侍酒課程講師。
現任台北萬豪酒店餐飲部營運經理。

【作者序】

侍酒師的表現力

從學習以酒為主的各式飲品知識、遍嘗諸酒、選擇符合餐廳主題的酒款，到列出適切的酒單，皆是「侍酒師」這項職業的前置功夫。優先考量顧客的喜好與預算，協助挑選適合料理和目的的飲品，為客人的用餐時光增色，則是侍酒師最主要的任務。

因此，在這樣的職業中，「語言傳達」扮演著非常重要的角色。語言對侍酒師而言，是密不可分、不可或缺的工具。

我每年都須品嘗上萬款葡萄酒，要逐一記住其特徵，就必須動員視覺、嗅覺、味覺、觸覺、聽覺這五官，將接收到的感覺轉化為語言，方能記憶於腦海中。

對葡萄酒的外觀，我們使用視覺觀察。色澤微妙的差異可以用寶石比喻。觀察酒體的黏著性，可知酒精的含量，而液體的清澄比例，也可以轉化成語言表現出來。

葡萄酒的味道，則用味覺和觸覺體會，如表達甜、酸、鹹、苦、鮮五味呈現的比例。葡萄酒的溫度或丹寧澀味、發酵酒的氣泡刺激，也都能在舌尖以觸覺明確捕捉，進而形諸語言。透過聽覺，甚至能夠確認發酵酒中氣泡的狀態。

為什麼侍酒師能夠將感覺轉化為言語呢？五官接收到的感覺，即使可以輕易停留在潛意識中，但若只有如此，並無法變成能夠隨心運用的記憶。為了在任何時刻都能找出明晰的回憶，語言是必要的載體。葡萄酒給予五官的刺激會先逐一被左腦接收，接下來將它轉化為語言記憶，最後整理成一個檔案儲存，經過這樣的一番工夫，日後的檢索就能更有效率。

此外，如果你用的語彙無法與他人相通，那也就失去了意義。對葡萄酒的語言，要像學習英語或法語等外語般，從單字到文法，循序練習到能熟練應用。如此精鍊過的語言，才能成為和全世界的葡萄酒從業人員與侍酒師之間有效的溝通工具。

向顧客解釋葡萄酒和料理的搭配時，語言更是重要。舉例而言，如果對一款酒擁有一百個描述詞彙，就可以針對顧客的飲酒經驗、知識、喜好的不同，從中挑出二、三十個適切的詞彙，精準地對顧客解說。

將感覺轉化成語言表現，應用範圍自然不只侷限於葡萄酒，對其他的料理飲品亦同。打開電視，美食節目或飲食資訊幾乎隨時可見，許多主持人對食物發表感想；逛書店時，雜誌裡有著滿滿的餐廳情報，名店指南也是汗牛充棟；上了網路，數量眾多的美食部落格更是不在話下，不論自家菜色還是餐廳美食，食記文章隨處可見。

由此現象觀之，可以看出日本人是非常在乎飲食的民族。然而，縱然民族性如此，在我看來，能恰當地描述食物的表現能力者不但稀少，甚至可說大部分都不及格。

例如，嘗到美味的肉品時，人們通常一成不變地說：「肉質好軟，真是好吃。」但「肉質好軟」不過是表達了觸覺上的感受。嗅覺與味覺——亦即香氣與味道——完全沒有提到，因此是非常貧弱的表現。奇怪的是，卻沒人對此感到不足，大家不假思索地使用這種無趣的表現法，並且習以為常。

究其所以，食物應該由視覺欣賞外觀、嗅覺嗅聞氣味、聽覺捕捉咀嚼時的聲音、觸覺感受舌上齒間的溫度與口感，最後以味覺分辨五味在食物中的展現，然後才能將食物予人的感官刺激完整地傳達出來。

本書的主題，就是上述之「表現力」的磨練方法。我認為表現力和國文、作文素養無關，而是透過鍛鍊五官敏銳度即可自然習得的能力，不論是誰，都能夠養成將感覺轉化為語言的習慣。

話雖如此，本書目的不在鼓勵讀者成為侍酒師，亦非專為侍酒師而著。透過精進個人的表現能力，不但可以豐富生活，甚且在職場上也能有揮灑的空間。我懷著這樣的心情，執筆寫下這本書。

最後，誠摯地邀請你與我一同進入「表現力」的世界。

田崎真也

二〇一〇年九月

目錄

【審訂序】 3
【作者序】侍酒師的表現力 7
第一篇 這個詞彙，真能確切表達「美味」嗎？ 19
1 無法確實傳達的俗濫說法 21
●有問題的表現 21
●「金黃色」 23
●「肉汁飽滿」 24
●「奶油豐厚」 25
●「Q彈」 26
●「溫熱」 28
●「濃厚」 30

●「濃郁深厚，淡雅清爽」 32

2 先入為主的偏見 34

●「完全手工」 34
●「嚴選素材」 37
●「當地食材」 38
●「標示明確」 41
●「日本國產」 45
●「進口食品」 49
●「有機栽培」 51
●「祕傳醬料」 55
●「長時間烹煮」 58
●「遵循古法」 60

3 日本人的負面思考 64

●「沒有異味，即是美味」 64
●「容易入口」 66
●日式負面思考的背景 69

第二篇　將味覺轉化為語言表現　75

1　味覺的記憶　77

- 侍酒師為什麼要記得葡萄酒的味道？　77
- 香氣與味道的記憶，無法機械化或數據化　79
- 感覺透過語言，方可進入記憶　83
- 語言化：在腦中進行電腦般的運算　85
- 必須使用共通的語言　89

2　品香：嗅覺語彙　94

- 對香氣的初次意識　94
- 將香氣語言化　98
- 童年氣味記憶的復甦　101
- 嗅覺：記憶味道的關鍵　104
- 成年後再打電動吧！　105
- 磨練嗅覺後開始察覺到的　111

3 侍酒師的常用詞彙 114
● 葡萄酒香：具體的表現 114
● 想像味道風貌的能力 122

第三篇 鍛鍊五感、豐富表現能力的方法 127

1 鍛鍊嗅覺力 129
● 為何要鍛鍊五感？ 129
● 意識「嗅覺能力」的一堂課 131
● 接觸俳句後的體悟 137
● 嗅覺為什麼變鈍了？ 141
● 嗅覺的可塑性 145
● 嗅覺訓練對表現能力的影響 149

2 五官訓練 152
● 用餐時刻磨練五官 152
● 湖畔五官練習 153

● 與語言學習相同的機制 156
● 盲飲的方法 157

3 豐富詞彙庫 161

● 自己創造詞彙：以咖啡為例 161
● 如何應用：以拉麵為例 165
● 風味的重要性 168
● 將感覺到的風味表達出來 172

4 正面、加分式的表達 176

● 要達到傳神的表現 176
● 「加分式」思考的文化 179
● 人生、商場都能派上用場的表現力 185

第一篇

這個詞彙，真能確切表達「美味」嗎？

1　無法確實傳達的俗濫說法

◆有問題的表現

想傳達「美味」這種感覺，我們有許多不假思索、理所當然就能脫口而出的表現。然而，其中大半是未經深思的慣用句，而非確實——透過自己五官經驗到——的感覺。

下文提及的，都是在電視、雜誌、部落格等常見的實例。諸如此類頻繁出現的「美味」表現，我想以自己的方式檢視它們適切與否。

對於我的嚴厲批判，也許部分讀者一開始難以理解「到底哪裡有問題？」不過，相信續讀至第二章、第三章，就能了解錯誤的表現只會成為獲得真正表現能力的障礙。光是領略到這點，就已經踏出大大的第一步了。

有問題的表現，大致可以分成以下三種類型：

1. 無法確實傳達的俗濫說法
2. 先入為主的偏見
3. 日本人的負面思考

日語中對食物的形容有許多常用的表現，說是一成不變也不為過。由於日常生活中這樣的表現隨處可見，於是每個人都會下意識地使用，以為如此一來就能為他人所理解。

可是，認真探究其文句內涵，往往沒能明確傳達出食物的風味，時常光有傳達的念頭，卻無傳達的效果。對此，我將以下列實例逐一說明。

◆「金黃色」

這或許是「美味」俗套表現的代表例子。通常會這樣使用：「炸成金黃色的可樂餅」。

可是金黃色僅表現了料理上桌時的色澤，外觀的重要性雖不可輕忽，但只有這樣的形容，充其量只是陳述料理的外觀能誘人食欲，至於食物本身的味道、風味為何這些重要的部分，卻完全沒有傳遞出去。若以色澤的形容當作破題，接下來補足其他方面的描述倒是沒有問題，然而往往早在這開頭的部分就已戛然而止。更何況在電視節目或附圖雜誌上，由於觀眾、讀者早已能從圖像得知料理外觀，表現者更有必要著力於其他方面的描述。

金黃色明明不等於美味，卻被誤用為判斷美味與否的基準。極端地說，只要高溫油炸，不論內餡是否充分加熱，表面都能炸得金黃亮眼。實際咬下，也常有內餡依然生冷的失敗之作。

最重要的食材品質，還有料理的事前準備、料理的大小、炸油的質與量、油炸的溫度與時間等各種要素都完美地水到渠成，最終炸出誘人的金黃色，這才稱得上美味的表現。將以上要素全部省略，僅僅一句「金黃色」就想表現料理的味道，是十分不恰當的。

◆「肉汁飽滿」

這是美食節目主持人品嘗肉排或漢堡肉，最不免俗的老套表現之一。

但是，肉汁飽滿並不等同於美味。脂肪豐厚的肉類入口，肉汁（實則大多是融化的油脂）滿溢本就理所當然。縱使是不怎麼可口的肉品、漢堡等絞肉製品，或剖面表面積較大的料理，在口腔裡都可以是肉汁飽滿的，如此想來，就能明白肉汁絕非美味的必然要素。另一方面，即使是相對乾燥的肉類，也有細嚼慢嚥後才會浮現風味的絕品，肉汁飽滿等於美味的說法，簡直像是否定這種特色肉品的存在。

再者，若是肉汁滿溢口腔、肉塊風味卻難以下嚥，又該如何解釋？所以，談論肉汁時，至少應該將最重要的肉汁風味好好表現出來才是。

◆「奶油豐厚」

常常可以聽到「使用豐厚的奶油製成醬料」這樣的說法。類似者還有「塞滿牛肉的可樂餅」。無論前者後者，都是在表現視覺上的分量。

美味與否的關鍵，相較於分量，平衡其實更加重要。以可樂餅來說，牛肉及馬鈴薯內餡的混合比例與調味、與麵衣之間的平衡、油炸方式都得完美無缺，才稱得上全面性的美味。

添加奶油的醬料，因沾佐不同的食物也會講究不同的均衡。

醬汁要加入白酒還是不加？調得濃稠些還是稀薄點？不同的狀況下有不同

的要求，理所當然，不是說使用許多高級材料就能成就美味的體驗。

◆「Q彈」

這是出於觸覺的形容詞，因而算不上是對味道的表現。

以「Q彈的生魚片」為例，假設眼前並列著野生鯛與養殖鯛的生魚片，如果都是新鮮現宰，肉質都可以用「富有彈性」形容。然而，同樣讚為「有彈性」，味道的差距卻應該顯而易見。觸覺上雖無二至，透過嗅覺、味覺品嘗後，就會清楚體會到其中的差距。

一般而論，天然海魚擁有餌蝦等甲殼類的幽微香氣，也會呈現被稱為「磯石香氣」的藻類氣味，在味覺上也比養殖魚類脂肪少，較易感受到其鮮美。與此相對，養殖魚類的肉質常會帶有剩餘飼料堆積沉澱污泥般的腥臭，或是吻仔魚餌的脂肪氧化後的氣味。味覺上，養殖魚類比天然魚類更富含油脂。

順帶一提，即使是富含油脂的魚肉，在不同情況下也不必然與美味呈正相關。例如，若是說「這塊鯛魚生魚片油脂豐富，相當可口」，多半是指養殖鯛魚。追究原因，是由於天然鯛魚肉質本身就缺少脂肪，倘若品嘗天然鯛魚時口舌中有油脂感，應是魚皮與皮內側或腹肉內側等部位。如果沒有連皮，且只吃背側部位仍能感到油脂，應是將養殖或天然鯛魚活捉之後再飼養一段時間的「畜養殖」鯛魚，或者是養殖場周圍長大的天然鯛魚。

當然，不可斷言天然魚類必定較養殖魚類好吃，養殖魚類也會因飼養方法的差異，肉質可能和天然魚類難分軒輊。總之，只因油脂豐富就斷言此乃美味，是明顯有誤的。

前段岔題了，言歸正傳。現宰的魚肉大多極有彈性，通常會在強調彈性後追加這樣的表現：「這道鯛魚生魚片，肉質Q彈新鮮，美味可口。」如此看來，有彈性是用來表現新鮮程度。話雖如此，「新鮮就是美味」的既定印象，卻也並非適用於所有魚類。

事實上，許多天然魚類擺放一段時間後，反而更顯鮮美；活宰後擱置一天以上更添風味的魚類，也不在少數。

類同於「Q彈的生魚片」的說法，還有「乾燥鬆軟的馬鈴薯泥」。這也是因馬鈴薯品種而異，有的適合做得乾酥，有的則不然。再者，透過不同的加熱方式，亦可能做出更為乾澀的成品。決定何時起鍋也是一門重要的學問。可是說了這麼多，這道料理最關鍵的環節「調味」，在此卻完全沒有提及。

◆「溫熱」

「溫熱的味道」，也是常常出現的形容。

日常生活中，有許多我們習慣使用卻不清楚其真正語意的詞彙。我每次遇到這類字眼，都會立刻拿出手機查閱電子辭典。「溫熱」正是這樣的詞彙之一。依日本字典《大辭林》有下列三種解釋：

1. 溫暖的模樣，如「溫熱的芋頭」。

2. 色澤豔麗的模樣，或是放心的模樣。

3. 烤芋頭。蒸芋頭。

再以《大辭泉》查詢，出現以下四解：

1. 確實溫暖的模樣。

2. 柔軟蓬鬆的模樣。

3. 色澤鮮豔的模樣。

4. 蒸芋頭。

自兩本字典的解釋觀之，「溫熱」終究僅是對溫度感覺的描述，而非呈現美味的詞彙。這不是味覺的表現，準確地說，應為觸覺的表現。

◆「濃厚」

「濃厚」一詞，因漫畫《美味大挑戰》（美味しんぼ）大大出名。同樣地，我以電子辭典釋義。

在《大辭林》中：

1. 濃郁而深厚的味道，在口中緩緩盪漾開的模樣。
2. 緩慢的模樣。悠哉的模樣。放鬆沉靜的模樣。散漫的模樣。

再來，看《大辭泉》：

1. 味道沉穩而深厚的模樣。
2. 緩慢的模樣。悠哉安穩的心情狀態。散漫的模樣。
3. 性格沉穩的模樣。

然而，《大辭泉》中的「味道沉穩而深厚」若是指味覺的表現，似乎有些矛盾。「沉穩」一詞，根據《大辭泉》，有「靜謐、平穩、安寧」等意象；反之「深厚」一詞，則為「濃し」的連用形「こく」之名詞化，意指「濃厚的美味」，因此二詞似乎呈現相反的意義。

另外，依據《大辭林》所解釋「濃郁而深厚的味道」中的「濃郁」一語，同樣在《大辭林》中查詢，解釋為「沉穩的模樣」，依然可以發現語意矛盾的端倪。

在這點上，兩本字典都以「深厚」做解釋，可是深厚一詞到底是對應於何種印象，一直以來都不甚明確。或許如同《大辭林》解釋「濃郁深刻的美味」，「美味」可能是理解「深厚」一詞的關鍵字。

但相較於「美味」，「深厚」這種表現用於葡萄酒或咖啡時，毋寧更接近苦味與甜味的綜合，因此也不是指主要由胺基酸構成的「美味」。再者，若要說明「深厚的醬汁」是什麼味道，比起胺基酸的印象，我認為是油脂在口中融化糾纏的黏稠感。換言之，通常是用於描述觸覺的經驗。

現實面來說，單單討論這個日語中表現味覺的「深厚」一語，就無法找到精確而通用的解釋。如果沒有共通的意義，那麼它不具備作為「語言」使用的功能自不待言。

「濃厚」亦是這類無法清楚定義的詞彙，因此我個人幾乎不太使用。倘若一定要陳述所謂的「濃厚」印象，我想是一種緊密糾纏於口舌之中的味道，特別是蘊含甘甜的豐饒美味口感，大概是這樣的狀態吧。

◆「濃郁深厚，淡雅清爽」

前段談到「沉穩而深厚」是種矛盾的表現，相同的例子還有「濃郁深厚，淡雅清爽」。這種表現，不知為何常被用來描述拉麵的美味。

「最後一滴湯汁也不可錯過。」對美味的拉麵湯頭，人們常會以「雖然深厚濃稠，但是意外清爽呢」作為感想的總結。這樣的反應是不是曾經在電視美食節目中看到呢？特別是對於豚骨拉麵，這幾乎是約定成俗的表現。

但一如我再三提過的，「濃郁深厚」與「淡雅清爽」是光譜兩端的詞彙，意義也完全是矛盾的。相提並論的結果，就是意涵落得曖昧不明。

會不會是主持人吃過豚骨拉麵後，感覺最後口感濃郁厚重，卻又覺得這種沉重印象是負面的？或是認為餘韻如果不清爽就不好呢？無論是哪個原因，許多拉麵店常客為了享受濃郁的味道而選擇豚骨拉麵，他們的評論出人意表地精準。

「首先可以感覺到豚骨散發的豐饒香氣，然而殘留的餘韻卻是蔬菜清淡爽口的風味。」像這樣，在構句中加入時間差，因而能夠同時肯定「濃郁深厚」與「淡雅清爽」，我以為如此表現較佳，不知您是否同意？

2 先入為主的偏見

由於錯誤的既定印象，以為那就等於美味的表現者亦不在少數。前一節討論的，是對語言的表面印象之誤解；本節探討的課題則較為深入：對事物思考方式的誤差。

◆「完全手工」

「手工」一詞，也是容易招致誤解的表現。因為「手工」與其說是指「成果」傑出與否，不如說只是陳述「過程」的事實。

不僅限於雜誌文章，「手工」在美食節目也是常常登場的詞彙。諸如「主廚親力親為的手工料理」或「自家製（hand made）蛋糕」等。然而，刻意以強調「手工」來形容美食，背後是因為以下兩種成見：第一是「手工＝美味」的偏見，第二是「手工＝費工」的既定印象。

如何？你察覺到問題所在了嗎？

首先，探究第一點「手工＝美味」吧。直率地說，手工製作的料理不全然適口好吃。機械生產的食品味道整齊劃一，世界上有許多好吃的機械製品，例如麵包。當然依據不同的麵包類型，在技術高超的師傅巧手下，也不是沒有相對美味的手工麵包，然而比起技術拙劣的手工麵包，機械製造不但速度快，也能分毫不差地做出質佳的麵包，蛋糕或冰淇淋就更是如此了。

第二點「手工＝費工」，這也無法達到表現美味的功用。既然收了客人的錢，本來就應該認真仔細製作料理，刻意將此當作特色，大可不必。

「自製所以好吃」這種說法，與「手工」的思考模式完全相同。自製蛋糕、自製甜點、自製麵包、自製沾醬、自製烘焙……種種「自製」相關詞彙氾濫成災。或許是因為人們堅信它能夠誘發對美味的想像吧？可不要輕易上當了。

我曾經在一家餐廳看到菜單上有「自製蛋糕」，這讓我不禁歪頭思忖：「所以只有蛋糕是自製的，那其他的甜點是怎麼回事？」由於各家餐廳經營方針不同，有的並不自製甜點，而是從其他店家採購，不同店家有不同作法本就無可厚非，然而為何要特別強調自製呢？這可以說是因為，在一般大眾的印象裡「自製＝美味」。但是，自製的食品絕對不完全等同美味。

無論是使用「手工」還是「自製」來表現，料理的可口與否，終究還是取決於師傅的功夫。

此外，「真誠製作」這種說法也和美味沒有直接相關。不論做什麼，只要販賣給客人收取報酬，原本就應當盡心盡力。我認為「真誠製作」的精神，不該只限於專業料理師傅，而是所有工作者都該扛起的義務。有此認知的人，應當不會拿這個出來說嘴吧？

◆「嚴選素材」

這也是迷惑人心的語彙。究其所以，這個意指料理製作過程之一的語彙，在餐廳這樣提供飲食的行業裡，是無須贅言的基本前提。既然要為顧客提供餐飲，理所當然要在有限的預算內選用最好的食材。可是，這並不等同於美味。

此外，根據餐廳的業種和環境不同，也要認知到「嚴選素材」的意思有可能天差地遠。舉例來說，一貫百元日幣的迴轉壽司與一貫兩千日幣的超高級壽司屋，兩者「嚴選」的層級當然截然不同。

在比較兩家餐廳時，評價會因為不同的需求而有所差異，這是因為用餐者與用餐目的、時間、時機等不同變數，會讓優劣標準和重視環節有所不同。想在總價兩千日幣以內吃到飽的；只想速戰速決的；量少無妨，但期待品鑑高級魚料的壽司；在重要的日子，與最珍視的人悠閒品酒用饌……在各式各樣的不同場合，所謂的「美味」也會有對象和感覺的差異。

「嚴選素材」不該作為店家自我標榜的話術，和美味與否亦無直接關聯。

◆「當地食材」

「自產自銷」，在今天的日本掀起一陣熱潮。

鄉間的法式或義式餐館，積極採用當地食材的師傅越來越多，有這樣的想法是非常值得喝采的。

雖然是法國料理，但不必拘泥於全部使用法國進口的食材，採用在本地收穫、新鮮又富饒風味的蔬菜或特產，再以法國料理的手法調理，這種嘗試相當值得稱許。

追本溯源，所謂的法式、義式美食，也是生根於當地的風土與食材，後來才形成傳承下來的料理文化。沒有必要從外地引進食材，甚至打從一開始就壓根沒有過這種想法。因此，不論法國或義大利傳統料理的起點，都可以說是立基於自產自銷的當地食材。

但是，和法國和義大利不同，我認為現在的日本存在「使用當地食材」即等同料理美味的盲目印象，例如「這家餐廳採用當地新鮮的蔬菜」，或「可以品嘗眼前漁場現捕的生魚片哦」。

即便擇用了在地食材，也未必能烹調出令人滿意的料理。假使十家餐館都採用同樣產地的原料製作相同菜色，味道想必也會各自不同吧。

更遑論不同的師傅依據各自對食材的認知，烹調出來的結果只會更加歧異。這麼說來，最重要的部分仍是我再三強調的，包括創造能力在內的「技術」，還有「感受性」以及「為顧客著想的心意」。

該如何呈現在地產食材的魅力？如何提出鮮採蔬菜的芳香風味？怎樣讓顧客體驗到當地漁獲的鮮美？其實這些終究取決於料理師傅，所以「使用當地食材＝美味」的直覺是不成立的。也就是說，是活用還是糟蹋食材，全得看餐廳和師傅。

提到所謂當地漁獲，東京的店家往往會用「本店採用某某漁港新鮮直送的海鮮！」作為宣傳口號，也不乏刻意將產地大書特書在菜單上的餐廳。有的客人會因為這句話，直覺聯想「漁港直送＝美味」，這實則也是容易使人誤會的表現。

一般說來，綜觀全日本的魚市場，應屬東京築地市場規模最大，可說是顧客最多，高級漁獲交易也最頻繁的魚市。在這個事實基礎上，站在其他漁港的立場設想，比起當地魚市，自然會將品質優良的高價漁獲送至築地市場。當然高級漁獲或因數量、大小等不同考量，部分會留在當地販售，其他的則會以所謂「直送」的形式運到東京。

我不是說產地直送不好。為了使顧客有愉快的用餐體驗，善用人脈取得物美價廉食材的師傅自然精神可嘉，我針對的是，「產地直送」這個說法與美味並不能直接畫上等號。

◆「標示明確」

「豆沙的原料，選用了北海道十勝的大納言紅豆。」常常能看到這樣的句子，除了標記產地，也明示品種名稱。話說回來，這同樣不能直接表現出美味。就像說某款日本酒使用兵庫縣產的山田錦（稻米品種名）釀造一樣，究竟是什麼味道，根本沒有確實表達出來。這其實是以標示產地誘導人們抱持錯誤聯想的手法，我認為也是一種致命的既定成見。

正因此成見，日本才會發生喧騰一時的產地偽造事件。如此的「既定印象」，換言做日本人特有的「品牌崇拜」也不為過。不以個人的感官知覺為本，反而仰賴他人決定的價值標準，可以說是日本人的缺點，產地偽裝事件的發生，正是出於這樣的社會背景。

在漁獲市場中，過去發生過這樣的事件。

不肖業者利用全長超過一公尺的海魚白斑裸蓋魚偽裝成高級的褐石斑魚，

藉此將一公斤一千日幣的白斑裸蓋魚用褐石斑魚的名義以一萬日幣賣出。

可是，我想對大多數人而言，或許會認為油脂豐厚的白斑裸蓋魚比褐石斑魚好吃。褐石斑魚脂肪不多，肉質緊實，甚至到了淡薄無味的地步。沒有吃過褐石斑魚生魚片的人，認為白斑裸蓋魚才是高級魚料也是無可厚非。利用群眾的無知而魚目混珠，實在罪大惡極，但話說回來，消費者的品鑑能力——味覺和嗅覺的層次——也應該檢討。太多明明是吃了白斑裸蓋魚的人，卻胡亂稱讚：「果然高級的褐石斑魚就是不一樣啊！」

鰻魚和牛肉也爆發過產地偽造事件。牛肉產地偽造事件發生於狂牛症疫情後，食品的產銷履歷及產地標示的法規日趨嚴格，諷刺的是，這也成了產地偽造事件的導因。偽造產地的業者固然可惡，卻也是因為消費者忽視食品自身的風味反而迷信名氣，才讓不肖業者有機可乘。

在此類事件中，我看到的是一般大眾對何謂「真正美食」的認識是何等低下。這豈不是暴露出，從未真正感受鰻魚或牛肉的天然美味，而是彷彿緊咬產地的虛假印象，大言不慚稱：「這可是日本國產的天然鰻魚，超好吃！」「無愧其名！和來路不明的黑毛和牛就是不一樣呀！」

如果基於自己的五官，建立屬於個人的品鑑標準，再勤加磨練敏銳度，我想對人生必有絕佳助益。

我雖然做了以上批評，但同時也認為，日本對產地標示的法規還是略嫌寬鬆。進一步言之，在指定區域採收的食材，大多會標上同樣的名稱，即使品質明顯有落差的劣等品，同樣能以相同名稱流通到市面上。初次嘗到該食材的消費者若不幸挑到劣質品，非但不會產生對食物的感動，還會降低該品牌在心目中的評價。這與歐洲的產地地理標誌（Appellation d'Origine Contrôlée, AOC）對物產若要冠上地名，必須遵守相關的製造與品質法規大相逕庭。

一九九五年，日本國稅廳公告給予壹岐燒酎、球磨燒酎、琉球泡盛三款酒類地理上的產地指定，可是條件只有「須使用原產地的水源」、「在該地釀造」兩項。也因此會發生這樣的狀況，以壹岐燒酎為例，即使原料都是大麥和米，並依照自主規定採用二比一的比例釀造，其中固然有使用壹岐原產米與大麥製成的產品，現實情況卻是，有些大麥從國外進口、白米從國外或是國內地區取得，這種情況在現行法規之下，就算採用外地原料釀造也是允許的。

再者，由於沒有對商品的感官檢查（依據人的五官審查產品品質），流通市面的壹岐燒酎無論品質和種類皆有不同。若消費者因為初次購買的酒品不合胃口，而不再給予第二次機會，是非常可惜的事。

繼續看看其他的日本產地標示。其中容易招來誤解和疑惑的原因之一，就出在「材料的原產地」與「加工地」的區別，綠茶就是個例子。過去縱使茶葉是在鹿兒島採收，只要在靜岡加工，也能冠上靜岡產之名，背後的原因是，在茶的領域中，加工技術的歧異會導致茶的風味、特色各有千秋。由於是透過靜岡特有的技術烘焙，最後產品才會以靜岡命名。

直到二〇〇三年，日本茶葉中央會才設置了生產地的表示基準，即使在此基準中，也是「原產地生茶須占五〇%以上（靜岡是七〇%）」。簡而言之，就算標註是靜岡產，其中也可以容許三〇%其他產地的生茶。不過，針對這個基準容易招來誤會的批判聲浪日漸強烈，加之產地偽造事件層出不窮，於是在二〇〇四年，規定修正為須採用百分之百原產地的茶葉。

日本飲食中至關重要的米產地標示，過去只要求五〇%以上，現在若要標上「單一原料米」，則必須百分之百採用當地生產的米，如果是混合的，也有義務明確記錄所使用的全部品種及混合的比例。

即使如此，相較於其他先進國家，日本法規制定的腳步仍嫌緩慢，要是沒有產地偽造事件，也許法規還會一直停滯不前。除此之外，對食物品質好壞的規定和管理，則幾乎還沒有相關的舉措。

◆「日本國產」

「手工豆腐採用國產大豆和天然滷水（氯化鎂）製作而成。大豆原料特別講究，親訪原產地，確認高品質，特選佐賀縣的 Fukuyutaka 大豆。」

前段描述曾出現在某本美食雜誌中，適切與否，就讓我們來加以檢視吧。

採用「國產大豆」和「天然滷水」製作的「手工豆腐」，原料是一種名為「Fukuyutaka」的大豆……仔細推敲其義，最後根本無法理解豆腐到底是什麼味道。僅僅羅列產地名稱，豆腐是如何做成的則隻字未提。像這樣單單標示原料並以此形容豆腐的特徵，可以說是毫無意義的表達方式。

為什麼使用國產大豆和天然滷水就能做出好吃的豆腐？最重要的部分被略過了。之後還加上「手工」一詞，想必寫出這段文字的人，認為以上詞彙便足以表現所謂的美味，讀者大概也不加深究，會在心中直覺浮現美味豆腐的印象。這可以說是僵化的思考模式。

日本人往往在面對國產品與進口品的選擇時，會有「日本國產＝好吃，外國進口＝不好吃」的成見。

果真如此，對世界各國也未免太失禮了，簡直就是對日本以外的食物全部不假思索地貼上否定標籤。這種「日本VS外國」的對決模式，也是日本人特有的想法。

以米為例，日本人總認為日本米（粳稻）是最棒的，可是世界上消費最多的，是細長形的在來米（秈稻）。印度、中國、西班牙以及義大利，米食的主流都是在來米，因此從人口比例看，在來米的生產量是高於日本米的。

這麼說來，若是一口咬定日本米優於在來米，不啻是否定以在來米為主食的人們的味覺，不僅如此，更是犯下排除世界主流飲食文化的天大錯誤。

事實上，不少日本人似乎在出國旅遊初次嘗到在來米時，會因為與日本米不同的氣味以及較無黏性的口感，認為在來米「有怪味，不好吃」。話雖如此，在來米和日本米風味和特色原本就不同，哪個好吃哪個難吃，要以一種

「對決模式」端上擂台比拚高下，本來就是件可笑的事。

我曾經在法國看過一支表現出在來米特色的電視廣告。

在法國，米食的主要調理手法不是蒸炊，而是水煮。近年來因日本料理的風潮，讓部分法國人也用日製蒸飯機蒸飯，但普遍仍以燉煮為主。對法國人而言，米飯比起麵包等主食，更接近蔬菜或義大利麵的作法，通常是煮過後加入醬汁調味，當作一種沙拉類的食物吃。

我看到的電視廣告是這麼說的：「水煮之後的口感，粒粒分明、清爽可口。」它特別強調的「粒粒分明、清爽可口」口感，與日本米在蒸炊過後所講求的「黏著稠密、富有嚼勁」，委實大異其趣。

說到牛肉，日本人對「霜降」有近乎信仰的偏愛，堅信黑毛和牛是絕對的美味；相較於此，對牛肉為主食的阿根廷人來說，油花飽滿的霜降牛肉只適合最初的一口，當作主食每日吃下四、五百公克，那可消受不了。對於牛肉，世人也是各有偏好。

相較於外國，日本光是對米飯與牛肉的偏好就有如此巨大的差異，所以不同國家不同區域，對食物的品味存在重大分歧自是理所當然。能夠體認到世界各國原本就存在屬於當地的飲食文化和習慣，應該就能理解「國產＝好吃，外國進口＝不好吃」這樣的對決模式，是多麼愚不可及了吧。以國產與否作為評價標準，無視在此之前更重要的料理技術與饕客的喜好等問題，基於不假思索的刻板印象認定日本國產食品絕對較優，這種想法不僅危險，更是一種偏見。是否採用國產食品與料理是否美味，其間並沒有必然的關聯。

◆「進口食品」

不可思議的是，許多人抱持「日本國產＝好吃」既定印象，卻也有為數不少的日本人持完全相反的偏見。葡萄酒就是個顯著的例子。至今為止，相當多日本人問過我下面這個問題：

「田崎先生，日本的葡萄酒如何呀？」

如何？提這種問題是期待怎樣的答案？我真想反問回去。

這個疑問的背後存在一個迷思：日本葡萄酒不好喝，法國葡萄酒才是王道。

這也是十分荒謬的迷思。來訪日本的外國酒界人士，從來沒有問過我「日本的葡萄酒怎麼樣」這種曖昧不清的問題。這些人不光是侍酒師或葡萄酒生產商，還有許多單純想嘗試日本葡萄酒的旅客和商務人士。他們提出的疑問更具體也更具針對性，如：「在日本葡萄酒之中，您推薦哪一款呢？」或「葡萄酒產地中，哪裡是比較出名的？」「哪種葡萄酒適合搭配壽司呢？」我被問過諸如此類的題目，卻一次也沒遭遇過「日本的葡萄酒怎麼樣」這種無趣的問題。

同樣的狀況，用起司舉例也說得通。國外的起司必定迷人，日本的起司則食之無味；鵝肝醬也是法國的才好，日本的一點也不好吃……你是否也有這些先入為主的偏見呢？

這些成見，在判斷食物味道本身上會形成極大的障礙，迷思一日不除，就無法進行正確的判斷。

此外，也有許多實例是原本在日本不受歡迎，卻在海外廣受好評後，日本國內的評價才隨之提高。如某位知名法國侍酒師將日本山梨縣甲州葡萄釀的白酒選入他的餐廳酒單，像這樣的例子，或是一旦有海外酒評家給予日本葡萄酒高度讚賞。總要等到外國肯定，才重新認識「原來日本也有好的葡萄酒啊」。

表現味道時，詞彙固然重要，更重要的是摒除成見，保有自身的判準尺度。反過來說，在確立自我的判準之前，得先捨棄「這個應該比那個好吃」這般先入為主的偏見。

◆「有機栽培」

「有機栽培的蔬菜一定很可口」、「這是現釣活魚，所以絕對好吃」、「依循傳統方式捕獲，肯定美味」，以上陳列的例子，都是企圖單以農作或魚撈的方式陳述食物美味的表現，同樣無法與美味搭上任何關係。

特別是在迷信有機蔬菜必然美味的今日，我想破解這樣的迷思。

試試在自宅庭院角落種植有機蔬菜吧。然後將不使用農藥、只略施有機肥料的自種蔬菜，與超市販售的適度投入化學肥料與除蟲藥的蔬菜，一起拿給專業料理師傅嘗嘗。我想，比起業餘栽種的有機蔬菜，經過專業人士適度且必要的除蟲施肥的蔬菜，會獲得更好的評價。

如果是由經多年錯誤嘗試已然掌握要領的專業農人栽種的有機蔬菜，當然另當別論。但是種植蔬菜的專業經驗越淺，越會容易種出「不健康蔬菜」。有機栽培的缺點之一，就是過度使用雞屎等有機肥料，致使蔬菜陷入肥胖惡態。

所謂肥胖狀態的蔬菜，是因為急速吸收過多的營養，根部異常發達，導致吸收多餘的水份，使得蔬菜的整體風味變得過於稀薄。

風味富饒的蔬菜，必須根植於富含礦物質的土地，必須有均衡的礦物質，毛細孔才會發育健全，穩健地吸收水份發育茁壯。倘若施予過度的養分，植物也會和人體一樣，陷入病態的肥胖。蔬菜要美味可口，必要條件只有一個：健康地栽培成長。

基於上述原因，業餘栽培的有機蔬菜是否好吃，也就應該以質疑目光檢視了。在此之前沒有多加思考就迷信「有機栽種＝好吃」，是危險的偏見。當然，若是親口品嘗之後才做出判斷的蔬菜，就沒有這個問題。

不只蔬菜，在葡萄酒市場裡，也有人將自然動力農法（biodynamic agriculture）作為銷售的噱頭。然而事實上，自然動力葡萄酒可不等於好喝的葡萄酒，甚至應反過來說，強調自然動力農法釀造的葡萄酒，大部分不會太出色。

葡萄酒的動人之處原在於，收穫以適宜當地風土的方法栽種且具備「土地個性」（風土條件）的優質葡萄，再透過釀酒師的智慧與技術，將葡萄的特性導引而出，最後反映出該地風土的迷人光景。

所以，並非自然動力農法種植的葡萄即能釀就好酒。換做料理來說，最受好評的料理，也不會在食材挑選上妥協，而會嚴選最佳材料。原本欠缺風味的蔬菜，絕無可能搖身一變為頂級佳肴。在原料選擇上，首先要注意的基準並非有機栽培與否，而是食材本身的味道與氣味。

此外，即便找來高級紅酒的葡萄品種在自家庭院有機栽種，也不可能釀出同樣等級的葡萄酒。更有甚者，搞不好連葡萄都種不出來。

「有機栽培＝好吃」的印象，部分出於對食品安全的考量，所以有些自然動力葡萄酒在種植過程中不使用防止氧化的亞硫酸（二氧化硫），或許可以釀出不錯的作品，卻也因而出現不少過度氧化的葡萄酒。

順帶一提，抗氧化劑並不是防腐劑，冷飲中的維他命C（抗壞血酸）也是作為抗氧化劑而添加的。應用於葡萄酒的二氧化硫，是自然存在於洋蔥和蛋黃內的成分，因為容易蒸發，在酒瓶中是以游離狀態存在，一旦開瓶，便會在倒酒等動作中漸漸揮發。再者，雖然封存瓶中的二氧化硫含量並不多，卻也是拜它之賜，出生紀念酒才能陳放到六十歲時，依然保有芬芳醉人的魅力。

總而言之，標榜無添加亞硫酸的葡萄酒並不等於好酒，只是在利用消費者期待食品安全的心理罷了。

走訪酒商，與其聽店員說「這款酒的葡萄是有機栽培而成，所以向您大力推薦」，是不是更想聽到「因為這款葡萄酒風味絕倫，請您務必一試」？前者是店員沒喝過，僅憑成見端出來的話術；後者則是店員確實喝過，懷抱自信的真誠推薦。

◆「祕傳醬料」

這個詞常用來形容烤雞肉串或鰻魚料理。

例如，「這是從曾祖父的時代就不斷熬煮的祕傳醬料」，或是「繼承了多年傳統，使用祕傳醬料的美味烤雞肉串」。祕傳醬汁是否等於美味，是可以打上問號的。

不可諱言，經過二、三十年的熬煮，可能呈現獨特且濃郁的醬料；不過我也認為，依沾用的食材不同，每天新做的醬汁也有令人驚豔的可能性。

特別是碳烤時，醬料反覆塗抹在食材上頭，經過長年調製的醬料，往往會呈現鮮美度下降、焦香氣上升的變化，苦味也應該會逐漸變強，甚至氣味會直接令人覺得苦澀。當然，越是高水準的名店或老店或許有獨到的功力，能夠透過後來加入的醬汁保持祕傳醬料的口感平衡，但是我不免懷疑，所有店家是否真的都能一直保持醬料整體的平衡度。

也就是說，並非所有的祕傳醬料都令人滿意，有的醬汁能使食物更加可口，有的卻會扼殺食物本身的美味。

說得更絕一些，若是一款醬汁本來就差，只要持續使用，該店的料理也會一直難吃下去。

黑輪也可見同樣的情況。

在東京，常可見相似的表現語句用於黑輪。東京風格的黑輪是不斷熬煮同一鍋湯汁，也就是在關西稱為「關東煮」的作法。關東與關西風格的不同，最明顯表現在黑輪的湯頭上。關東風由於多是原汁持續熬煮，湯汁色澤較深，反之，關西的湯頭顏色較為清淡澄澈，因為是使用當日以柴魚與海帶煮成的「高湯」來煮黑輪材料，隔日就會換新的高湯，煮新的食材。

並不是關東風的黑輪使用重口味的黑醬油，而是在每日添加新的高湯過程中，高湯內含的胺基酸、味醂、砂糖裡頭的糖分化合後，發生梅納反應（Maillard reaction），湯頭色澤才因此日漸變黑。說起來，咖啡豆烘焙後變深、紹興酒熟成後顏色漸趨暗紅，以及醬油或紅味噌等風味與顏色的變化，也都是同樣的化學反應。

因此，關東風格的黑輪雖然顏色深暗，卻意外地不會太鹹，反而散發豐富的鮮美氣味。只是隨著時間拉長，風味雖產生更加豐富的變化，同時亦會漸漸出現苦味和焦臭。如何拿捏平衡，對專業師傅雖不成問題，但若非有相當水準的店家，則容易做出長時熬煮卻更顯苦味的白蘿蔔或豆腐。總而言之，長時間熬煮的湯頭或醬汁，並不能一概而論是美味的保證。

◆「長時間烹煮」

「長時間烹煮＝好吃」也是相當荒謬的說法。當然，若指的是透過長時間熟成的手法提升食品的鮮美底蘊，是可以理解的，但是，大多數例子往往只是單純對「時間」給予不明就裡的肯定。

「耗費一週熬煮的醬料」就是典型例子。過去，法國料理調製醬料的方式，是將香料蔬菜與肉品等多樣素材混合後，緩慢熬煮一星期之久，這麼做縱然能夠熬出醇厚的味道，卻也會帶出苦澀等雜味，最後使精緻的料理出現不必要的異味。當代法國料理的主流作法是依據食材特性，判斷最恰當的烹調時間，以更科學的態度製作醬汁。由此觀之，「長時間烹煮＝好吃」的想法，可說是與時代潮流脫節的落伍觀念。

「花費許多時間」這樣的文句，常常會在介紹拉麵店的節目或文章出現。如「經過三天細心熬煮的湯頭」，幾乎是美食評論最老套的表現之一。但我以為重要的，與其說是歷時三天，毋寧是在於使用了什麼材料。在深桶大鍋（寸胴鍋）內放入五隻雞煮上三天，與在小鍋裡放入十隻雞快快煮過，兩相比較之下，後者熬出的湯汁明顯更馥郁，口感也更精緻纖細。

以上所述拉麵湯頭的熬煮方式，思路正如之前提過的法式高湯，重點擺在食材的質與量，以及水量和火候控制方面。這是以科學的態度，思考怎樣的製作過程能夠獲得最好的湯頭。

反之，輕忽實事求是的重要性，只聚焦於熬煮湯頭的時間長短，不啻捨本逐末。

極端地說，縱使店家聲稱「本店湯頭使用全雞熬煮而成」，也不無可能是用不成比例的水量煮區區三隻雞，最後還分派到兩百碗拉麵裡，倘若如此，比起自家廚房煮一隻雞做成四人份拉麵的湯頭，味道的豐富程度絕對天差地遠。要是拉麵店也採用這樣高成本的精緻作法，極可能就會變成一碗超過一千日幣的高級拉麵，雖然不至於如此，不過我提出這麼極端的例子，相信讀者能夠理解箇中差異是何其巨大了。

關鍵在於餐廳提供的資訊背後，還隱藏了什麼真相。「長時間熬煮＝好吃」正是「被動接受的資訊＝好吃」不求甚解的典型例子。仰賴自己的察覺力進行冷靜判斷，是十分重要的。

◆「遵循古法」

這同樣是個隨處可見而且明顯值得質疑的說法。

遵循古法烹調的料理，與好吃並沒有絕對的正相關。反過來說，話中隱含的意思，也許是對創新的不求進取。如果店家端上桌的餐點沒有與時俱進，顧客的品味嗜好卻改變了，那麼該餐廳的相對價值也會不進反退。

以美食評論權威《米其林指南》為例，「沒有進步」會列為扣分的原因。《米其林指南》雖然也有發行東京、大阪與京都版，不過在發源地法國，每逢新版發售日引起的軒然大波，是遠遠超過日本的。

改版造成的影響甚大。初次獲得星級評價或是星數增加的餐廳這廂歡天喜地，而星數減少的餐廳因為評價降低，自然連帶減少來客數。特別是在法國，相較於日本，米其林星數對餐廳生意影響尤其巨大。

米其林以三星為最高等級，要獲得這項殊榮，只付出一般的努力是遠遠不足的。主要的評鑑標準不只是料理本身與服務水準、餐廳的裝潢和設備，該餐廳是否配得上榮譽的三星也會列入審核。關於這點，最重要的考量就在於料理的「創造性」或是說「創作性」。換句話說，餐廳是否保持日益精進的努力，是它們相當重視的評判標準。

因此，得到三星評價雖是極大榮譽，但倘若因而自滿，故步自封以同樣的想法做同樣的料理，評價就會毫不留情地調降。既然獲得三星殊榮，就更該每年挑戰創新的料理，若非如此，就會被批評「這家餐廳沒有進步」。

米其林指南並不像日本以前對傳統老店不分青紅皂白地肯定，它貫徹一種令人稱許的精神，對沒有背景的年輕料理師傅，只要能持續提出嶄新創意，擁有將之實現的技術實力做出優質的料理，米其林也會如實給予讚許。意即，米其林並不把師傅的年資履歷當作評審條件，因為師傅的背景和顧客毫不相關，對眼前的料理美味與否給予率直的評價，才是應然之道。

所以即便餐廳這麼說：「敝店的廚師曾在歷史悠久的某某飯店累積了三十

餘年的經驗，所以……」也不要輕易被矇騙。縱然在老店待上三十年，累積了許多經驗和磨練，不見得必定能調理出高水準的餐點。

「經驗＝時間長度＝成就美食」這樣的公式，會招來莫大的誤解。

更精確地說，應該是「經驗＝曾做了些什麼（或天資或努力）＝能做出美味料理的可能性」。料理師傅年資的長度，無法直接和努力與否劃上等號。

3 日本人的負面思考

接下來要介紹的是，日本人平常形容食物時下意識使用的語言表現，其實清楚反映出日本人的負面思考。

◆「沒有異味，即是美味」

許多日本人在表現食物美味的體驗時，往往會使用像是「沒有異味，相當好吃呢！」這樣的構句。使用一個否定以傳達美味的感覺，這是非常典型的日式思路。

舉例而言，電視美食節目的主持人品嘗牛腸火鍋，會說「沒有異味，非常美味」，又或者是品嘗鹿肉或鴨肉一類的野味時，會說「出乎意料地毫無腥味，容易入口」等，你是否也聽過這種類型的美食心得呢？

可是，請更深入思考。我認為「意外地沒有異味」實是相當失禮的說法，因為這是在入口前抱持著「一定有某種怪味」的偏見，才會感覺「想不到會嘗到這樣的好滋味」。

據說成吉思汗燒烤羊肉在北海道是非常普及的家庭料理，讓我們想像，接受北海道朋友的招待後說出「雖然是羊肉，但是出乎意料地沒有騷味，而且肉質柔軟，真是太好吃了」這樣的感想，對東道主而言是非常沒有禮貌的評語。這是因為在自己的印象中，先存在羊肉應該有騷味的成見，更進一步說，由於可能有騷味，所以本來是不想吃的。東道主會這樣誤解，也是無可厚非。

再者，如果說「雖然是羊肉，卻出乎意料地沒有騷味，而且質軟美味，嘗起來好像牛肉呀！」原本懷抱的是努力讚美的心意，不過站在東道主的立場想想，誠心款待客人珍饈的羊肉卻被說「好像牛肉呀」，到底是為何辛苦為何忙？如果是我，一定相當失望。

此外，吃完甜點後，時常可以聽到的心得：「這個蛋糕不會太甜，真好吃！」這是何等糟糕的評論！讓我幾乎連反批的力氣都沒了。這只不過是對砂糖分量的心得，對那款甜點採用的原料風味、甜點師傅的辛苦、創意及技術面的評論一概不提，甚至可能招來「該不會你根本就討厭甜食」的誤解。

◆「容易入口」

一如「沒有異味」及「不會太甜」，像「容易入口」這樣的形容，業已成為日常生活不可或缺的語彙，似乎還自成風格。不過，可能只有日本人會把「容易入口」當作美味的說法，英語或法語中似乎都沒有這樣的常用表現，可說是相當日式的思考模式。

以訪問法國布根地的酒莊為例，「您覺得我們的酒如何？」聽到該地的葡萄酒生產者如此發問，許多日本的葡萄酒愛好者會回答：「非常易於入口。」

但恐怕不會有哪家酒莊喜歡聽到這樣的答案，我甚至認為這是個禁語。

這是因為，沒有任何酒莊是以容易入口為目標釀酒的。不同的酒莊雖然對葡萄酒各擁不同的主義與思想，不過大部分的釀造家或想反映風土條件，或想表現葡萄品種特性，或想展現該年分的特徵，或想反映釀酒師的個人風格……每個人都是懷抱一定的「志趣」釀酒。我認為，對這樣的人，用一句「容易入口」概括對其葡萄酒的評論，可說是打從根本上否定對方的價值。

可是「容易入口」這樣的說法，事實上對日本人來說是自然不過，因此應該不會發現有哪裡古怪。

例如在日本酒的領域，常常出現「容易入口，真是好酒」這樣的表現。即便是本應以獨特性格為其特殊魅力的芋燒酎，也會有許多愛好者這麼說：「沒有奇怪的味道真好啊，這樣就容易入口了。」

因此，面對這樣的傾向，日本酒或燒酎的製造者，似乎絲毫不會把容易入口當作否定的表現，可說與其他國家的葡萄酒商大異其趣。

讓我們以日本酒為前提，討論所謂的「容易入口」吧。我想，將容易入口作為目標所釀造的日本酒，最後會變成怎樣的飲品應該不難想像。極端地說，那會是在礦泉水裡加入若干酒精及少許糖分，以及一些使人口舌清涼的香料，最後得出的最易入口的飲料。毫無刺激，味道接近清水，我想那就是最為滑順易飲的酒了吧。因為現實中「宛若湧泉般容易入口的酒」這般的表現，不是常常入耳嗎？

另一方面，試想什麼是容易下嚥的食物。要找到一個放諸四海皆準的法則，那麼無刺激、可以順暢入喉、不太需要嚼食，換句話說，無臭無味、無刺激、無感覺者是最容易入口的食物。如此說來，清粥或許是最接近理想的典型。

綜觀以上諸例，容易入口與美味毫無關聯，只是缺乏個性的平凡之物；更嚴苛地說，這種表現反而是背離料理的美味本質與飲食的樂趣。

◆日式負面思考的背景

「沒有異味，即是美味」，正是「先否定，再肯定」的典型日式思考模式，我個人猜想這種思考模式的根源，是不是來自學校機構常用的「扣分法」計分方式？

以學校考試為例。老師預設一百分為滿分出題，而且原則上是正解只有一個的單選題。然後從一百分開始，一有答錯就扣分，最終的分數就是對學生的評價，倘若老師出了有兩個正確答案的考題，就會被追究過失的責任。

法國的國民小學則不然。由於我的女兒曾就讀法國學校，因而對此特別有感觸。

法國的學校測驗並非採用日本式的單選題，而是大多採作文形式，這是最明顯的差別。即便在一定程度上也有預設「標準答案」，然而倘若老師判斷學生的解答更優秀，縱然該題滿分為五分，最後也可以給予六分、七分的超標評價。

最後測驗的總合計分，可能會來到二十一、二十二分，不受滿分二十的限制。

這是與日本的扣分法完全相反的思考方式。

日本這樣的扣分法對味覺評價的影響，現實的例子就是每年舉辦的日本酒全國新酒鑑評會，也是設定一百為滿分，扣分最少者即能獲得金賞的榮譽。

全國新酒鑑評會的主辦單位，以前是大藏省國稅廳的釀造試驗所，現在則是獨立行政法人酒類總合研究所。全國新酒鑑評會的催生因素，原本是為了提高日本酒的品質，以及提升「杜氏」（日本酒釀造師）的釀造技術。

出發點非常好，評鑑成為釀酒廠之間切磋的契機，透過贈與金賞的榮譽，使釀酒師努力精進，經由金賞這個容易理解的形式，讓釀酒師感覺受到肯定，有相當大的激勵作用。

遺憾的是，隨著評鑑會行之有年，也出現負面效應。為獲得金賞，全國各地日本酒陷入味道喪失獨特性、流於一致的境地。

因為採用的是扣分法，必定預設了一種「一百分」的酒，以該典型為基準開始扣分，而被認定為一百分的典型，又必然與品飲者的個人偏好無關。

因此各釀造廠會認為，先不論自己的特色，某種理想的「典型」才是評鑑會的審查重點。難道說為了成為扣分最少者，釀出無色無味、近乎清水的酒都沒問題嗎？畢竟稍有異味、苦澀強、甜味多的作品都會成為扣分對象。然而事實上，那些特性都是反映原產地或釀造廠的風格與個性。

將這些個性作為扣分或加分的條件，都會使酒的本質產生巨大變化。評鑑會的審查基準，可說是導致全國日本酒口感齊一化的要素。

那，為什麼會認定容易入口就是好酒呢？箇中理由，我認為站在主辦單位國稅廳的立場，「讓更多人喝酒，就能徵收更多稅金」這種想法，正是傾向製造「容易入口」酒款的遠因。

比起強調土地個性的酒款，製造如清水能暢飲入喉的大眾酒款，酒飲販售和酒店的消費循環都會加快，釀造者也能接續不斷地出貨。對國稅廳來說，自然樂見這樣的算式：酒飲消費額越高，徵收的稅金也會隨之增加。

關於「容易入口」，日本酒還有一個特有的問題，就是「純米酒信仰」。日本酒在廢除分級制度後，因為精米步合（譯註：精磨過的白米占原本糙米的比重）和釀造方法的不同，區分為數種不同的類型。

只使用米、麴米、水（嚴格說來，還有加入酵母或乳酸菌）釀造的叫「純米酒」，其中精米步合在六〇％以下者稱為「純米吟釀」或「特別純米」，更低的五〇％以下者，則被認定為「純米大吟釀」。

另一方面，在米、麴米、水以外，還有一種添加了釀造用酒精（重量最高僅能達所使用白米之一〇％）的「本釀造」。本釀造的釀造方法，則是日本酒的傳統技術。

純米酒的信徒對本釀造會使用「酒添」（酒精添加）這樣明顯帶貶意的表現，將本釀造視為低層次的酒，這是十分令人遺憾的。

二次世界大戰之後，曾經出現一種「三增酒」（現在叫普通酒），除了釀造用酒精，還加入釀造用糖類和酸類，是盡可能壓低使用米量的粗製酒。或許是對三增酒的惡劣印象（實際上也有不少好作品），才讓純米酒信仰更加強固，甚至還有人聲稱：「純米酒不會讓人爛醉！」

然而，經由傳統技法釀造的本釀造酒，比起風味富饒的純米酒擁有更多風格淡雅的作品，特別是本釀造還有能夠抑制火落菌（乳酸菌）繁殖、令酒香安定性更高的優點。善用這些優點釀造的大吟釀，可以呈現出馥郁的香氣和銳利的口感，在評鑑會榮獲金賞的作品，大多是這種本釀造酒。

因此，本釀造酒必然遜於純米酒是說不通的，何況純米酒和本釀造酒從類型來說就有根本上的差異。先入為主的偏見，是干擾正確判斷的最大因素。

此外，日本酒之中尚有一種具備複雜香味、富饒風味的「古酒」（長期熟成酒），這是與容易入口的酒款完全相反的類型。若搭配契合度佳的料理，會是相當美味的一種酒。

自古以來，日本酒都應該是帶有濃厚地方特色的飲料。以負責釀造日本酒的「杜氏」為例觀之，南部杜氏、越後杜氏、丹後杜氏、能登杜氏等稱呼，可以看出它們都是承襲並活用該地特色的日本酒釀造技術。日本酒基本上是採用當地水源，選用適合在地風土的釀造方式，藉此享受各別的個性與特色。與此同時，契合當地酒款的酒肴也隨之而生。

可是，在日本酒的風味漸漸喪失風土特色而陷入全國齊一化的窘境之後，現實面上，與堅守傳統味道的酒肴也變得無法相輔相成了。所幸，現在的評鑑會基準漸漸有所調整，再度回到當初提升技術的初衷，這點十分值得肯定。

希望你不要誤解，獲得評鑑會金賞的酒並非「最棒的日本酒」。最好的酒不該是扣分法之下的產物，說到底，仍得回歸飲用者的品味，由個人各自決定不是嗎？這也意味著，所謂最好的酒，是無限存在的。

第二篇

將味覺轉化為語言表現

1 味覺的記憶

◆侍酒師為什麼要記得葡萄酒的味道？

先不論特定職業，日常生活中在飲食之後，大抵只要用「好吃」與「不好吃」這兩種表現就足以應付了。若是想對下廚者或其他人更直接地表達正面的評價，也只需要說到「非常好吃」。因為既沒有人要求更詳細的感想，也沒有誰會特別深究，所以在日常生活中，對味道的批評並不是一件必要的事。

那麼，為何侍酒師要將酒的色澤、香氣、味道轉化為語言呢？將感官經驗形諸語言，是為了方便記憶該葡萄酒的特徵。把捕捉到的感覺轉化成語言，而語言則用來當作記憶的工具。

侍酒師將葡萄酒的味道銘記在心，並非為了像吟遊詩人在客人面前炫耀文采。

記憶的目的，首先，就是為了判斷葡萄酒的價值。要了解眼前的酒，最理想的作法是與其他酒進行比較。可是，總不可能每次要評斷一支酒時，都要為了它開其他好幾支吧。

為了判斷眼前酒款應當位列葡萄酒世界經緯的何處，「味覺的記憶」是有其必要的。

若能在試飲後將各種葡萄酒的香氣與味道清楚記下，比較時就不必另外開酒，只要在腦海比對品嘗過的味道即可。而且，飲酒時也就能判斷「這支葡萄酒風土條件的表現相當鮮明」，或是「以這款酒的品質來說，進價算便宜的（或高估的）」。葡萄酒的價值判斷，是侍酒師職業中不可或缺的重要能力。

再者，侍酒師的職務並非自己釀酒，而是替店家管理進酒、保存、熟成等流程，並為顧客提供服務，所以判斷應該以多少價格購入、酒價是否合理，思考酒在酒窖中的熟成須花多少時間，以及面對不同的場合和客人應該建議怎樣的料理和消費……侍酒師必須思索葡萄酒會歷經的所有這些過程。

不論是對餐酒搭配提供意見，或是要向顧客形容酒款，記憶都是相當重要的工具。

要判斷葡萄酒的價值，全然取決於主觀的品鑑能力。首先，不是參考別人的品酒評價，而是要從自己的感覺出發。接下來也只能仰賴自己的五官，將捕捉到的感覺形諸語言，才能夠進行葡萄酒的價值判斷。

◆香氣與味道的記憶，無法機械化或數據化

或許有人不贊成我的說法，認為在高度資訊化的現代社會，應捨棄像類比訊號一樣過時的五官記憶，轉而利用電腦建檔，建立數位資料庫來檢索，這種方法可能更加正確與方便。

假設每回品酒後，都將自己感覺到的色澤、香氣、味道以特定格式存入電

腦，可是之後若想找出正在盲飲的酒名，而將色澤、香氣、味道等變數輸入電腦檢索，對比過去品酒留下的資料，就算能夠發現一致的項目，實務上卻很難只以此判斷出正確的酒名。

何況若是十年前品嘗的酒款，經過歲月的洗禮，同一支酒不僅更加熟成，品酒者自身的感覺也已然不同。

再者，即使是同一酒莊的葡萄酒，經過氣候與釀造方式的變化，五年前的佳釀年分酒和現在的佳釀年分酒相較，兩者的數據資料恐怕也很難一致。

不論是前面的哪個例子都看得出來，就算有再詳細的資料庫，想要檢索出兩款完全相同的酒依舊是至為困難的。即便在技術上有可能以尖端科技分析成分、建立更準確的資料庫，然而這會需要極其巨大的樣本數，再考量到更新作業，必定會耗費上難以想像的冗長時間吧。

又例如，同一支葡萄酒透過氣相色譜儀檢測的結果，與人類嗅覺捕捉到的結果，雖然可以找出共同的成分，卻也並非百分之百相符。

人類的嗅覺感官與機械之間，存在有以下的差異。

假設人可以在白酒中嗅出青蘋果的氣味；另一方面，將同一款酒透過機器分析檢測，並不會馬上判定出青蘋果香，而是會顯示出裡頭內含數種與蘋果香相同的特別氣味，以及關連到「青」的其他成分。

氣相色譜儀能夠將各種氣味元素分離抽出，卻無法判斷它們互相作用之後會混合出什麼味道。機械的能力所及，只在於解析出例如乙酸異戊酯（近似香蕉氣味）之類的化學物質，然而實際上因為香蕉內含多種香氣，所以機械無法如同人類，嗅聞當下就可以判別出這是香蕉、鳳梨或蜂蜜。

其次，葡萄酒的香氣會隨酒杯轉動加劇氧化，逐漸發生變化。稍微搖晃酒杯或是持續轉動，香氣都會漸漸改變，可是機器的分析無法反映這個過程，更何況關於熟成所帶來的氣味，目前還有許多未解之謎。

味覺也一樣。人類口中散布許多味蕾，依序可以感覺不同味道。而且由於食物從嘴邊到喉頭有時間差，這也會讓人感覺味道有所遞變。

舉例來說，剛入口的第一印象是濃郁的甜味，接下來呈現銳利的酸味，後韻則留下討喜的苦味以及有礦物感的鹹味。

像這樣的判斷，是機器無法掌握的。

即使是利用機械同時分析五味，在矩陣上顯示酸味是某某等級、苦味大約在某某區間，和人類的感覺之間還是有所落差，因為機械是分別偵測甜、酸、苦、鹹、鮮這五味，以矩陣的形式呈現出來，人類的感覺卻是整體性的味道。如果甜味較強，苦味、酸味就會相對顯得內斂；如果酸味比較強，甜味就會被包覆在酸味底下；同時增強酸味和苦味，又會感覺到些許溫和的鹹味。

除此之外，人的感官也會受到溫度的影響。溫度高過一定程度，甜味會更加明顯，苦味、澀味、酸味則相對隱蔽；反之若將溫度調低，由於甜度下降，酸味等等就會變得突出。辨別出其中的些微差異，正是人類獨有的能力。

既然機器與人類的感覺有出入，那麼機器分析對人們的日常飲食來說就沒有太大意義。葡萄酒終歸是為了被人飲用而存在的，自然應當優先考慮人類的感覺。

◆感覺透過語言，方可進入記憶

接下來要討論的，是語言化後的記憶與品酒之間的關係。

假設在不太有品酒經驗的人面前端出兩款——波爾多及布根地——不同的紅酒，擁有正常嗅覺和味覺的人，應該都能明白兩款酒並不相同。

然而，若請他們說明差別為何，卻往往非常困難，甚至連一個字都擠不出來。因為將兩種酒款作比較，大部分人雖然可以辨別風味有所不同，對具體的差異卻說不出個所以然。

這時若引導提問「哪一杯酒比較澀」或「哪一杯的酸味比較強」，雖然答案多少會有個人差異，還是能在某種形式下應答。

就像這樣，實際開瓶倒入杯中，無論是誰或多或少都能區分兩者不同。

但在侍酒師的世界中，總不可能因為實際開瓶較易比較，就為了評判一支葡萄酒而另外加開第二支、第三支。雖然有時會這麼做，然而，基本上都是將眼前的酒款與記憶中品嘗過的葡萄酒對比，這也是侍酒師的職業技能。

在一瞬間與數以萬計的記憶交叉比對，果決迅速地判斷其價值。

「以在這個區域的這個葡萄品種來說，這款酒的水準非常高，售價若是訂在五千日幣，那麼性價比就無可挑剔，但要是標價到日幣一萬五千元就太貴了……」一如上例的思路，侍酒師就是透過這些層面判斷葡萄酒的價值。

啜飲葡萄酒的同時，將它與記憶中的香氣與味道互相比較，就能得出各式各樣的評價。例如，「葡萄品種的特性表現突出」，或者是「雖然酒體均衡，然而缺乏該產地特性」等。

所以，最便於使用的工具，莫過於語言化後的記憶。將品嘗葡萄酒時的感覺轉換成語言的形式，才方便將它記憶在腦海之中。

說到這裡，那麼，將對葡萄酒的心得存入電腦會不會比較方便？我個人認為反而是沒效率的。例如在餐廳享用葡萄酒時，不可能帶著儲存資料的電腦隨身查詢；每一次品酒，要用電腦查出條件一致的酒款也很花時間，再說，電腦也不能判斷該紅酒與今天初次品嘗的料理是否相配。

何況對我們侍酒師而言，無論電腦再怎麼小型化，也不好拿出來在客人面前使用。向客人推薦的優先條件，由上至下應是預算、目的、偏好……最後是與料理的契合度，可是電腦資料全都只是過往的累積，而實際面對的顧客卻往往是一生一次的偶然相會，因此，過去、現在、未來都必須慎加思量，因為，這正是服務是否專業的關鍵。

◆語言化：在腦中進行電腦般的運算

電腦因為儲存了龐大的資訊，才能有效率地搜尋、處理資料。那樣巨大的資訊量是透過符號建檔編排，若能在人腦進行同樣的動作，人類也可以記憶龐大的資訊，隨時隨地都能存取資料。

如果用葡萄酒的品嘗與記憶當例子，是不是比較容易理解呢？

為此，正如我說明再三的，最快也最簡單的方法，就是將捕捉到的感覺轉化成語言，分類整理、記憶。

例如記憶英語單字時，有人會邊複誦邊記憶。作為一種記憶語言的手段。一般認為，利用到聽覺的複誦是容易採行的好方法，不過聽覺記憶的能力因人而異，不知您是否也有經驗，覺得不只是仰賴聽覺，邊寫邊背效率會更好？

我正是這樣的人。如果有必須記憶的文章或文字，最確實的辦法就是用筆書寫下來，然後仔細閱讀。

也就是說，將必須記憶的資訊以書寫形式確認（意識到「記憶」這個動作）並用視覺記憶，然後併用聽覺、發聲複誦，才算完成全套的記憶過程。

其實，過去在挑戰世界侍酒師大賽時，為了準備筆試，我也整理了好幾本筆記。

從全世界的葡萄酒、葡萄栽培與葡萄酒釀造、葡萄酒以外的飲品、調酒知識、世界各地傳統飲食與葡萄酒間的搭配、菸草和咖啡、茶、礦泉水等，先由蒐集眾多的資料開始，再將它們逐一整理到筆記中。

接下來，我刻意不看筆記，將相同的內容默背繕寫在另一張紙上，中間如果碰到問題，就重看原始筆記確認正確內容。持續反覆不斷的練習，直到能夠背出完全相同的內容，這就是我的記憶法。

如果不能理解語言的意義，也就無法閱讀書籍、記憶書本內容，遑論將知識應用在生活中。不懂英文的小孩就算可以唱出發音標準的英文歌曲，因為不解語意，所以也無法靈活運用詞彙。想隨心所欲地應用知識，就必須透過有意義依據的語言來記憶。

語言化，是讓記憶變得容易整理的辦法。透過賦予語言意義，記憶會變得更加明晰，也更容易快速地從腦中讀取。要活用記憶，語言化是最好的方法。

很久以前，我曾經在某電視節目的特別企劃中進行實驗，主題是品酒與腦部運作的關聯，可惜後來並沒有播映。當時的實驗是，我的頭上設置了許多檢查腦波的儀器，在電視攝影機拍攝之下，工作人員將酒杯遞給我，要我判斷杯子裡是什麼酒。

由於時間恰好就在我獲得世界侍酒師大賽冠軍後，加上還有攝影機拍攝，我非常戒慎恐懼，心想如果稍有差錯，絕對會顏面盡失。節目流程和侍酒師大會的盲飲相同，要用語言表現酒的色、香、味，最後道破葡萄品種、產地、收穫年分、酒莊等。

該實驗主要是測量嗅覺啟動時的腦波狀態，同時也比較針對同一款酒，看一般葡萄酒愛好者和我的腦波運作有何不同。

通常而言，想著要以嗅覺或味覺感受來喝酒時，運作的會是《大辭林》中所述「處理音樂或圖形一類，非語言的資訊」的右腦。不過實驗證明，我的右腦幾乎不太活動，「處理語言、文字資訊」的左腦反而活躍得多。

也就是說，嗅聞香氣的瞬間，我沒有經過右腦，而是在左腦裡用對香氣或味道的「語彙記憶」進行分析。然後將分析出來的結果對照腦海記憶庫，最後導出正確答案。

◆必須使用共通的語言

從前一節的例子，可以明白侍酒師是以左腦「品鑑」葡萄酒。

透過語言化來記憶，然後在腦中整理品酒得到的資訊。當一款酒端到眼前時，快速地將它與過去的品酒記憶交叉比對，再將之保存為新的記憶……這就是專業侍酒師的葡萄酒分析法。在侍酒師大賽的盲飲中，一樣是從腦海的記憶資料庫檢索，想像並推測正在品嘗的是哪一款酒。

色、香、味……依序透過語言表現，推敲正解為何。在這個過程中，有一件事非常重要：用來表現的語彙，必須是任何國家的侍酒師之間都能理解的說法。換句話說，共通的認知是必要的。例如，試飲白酒時，若想表現聞到芭樂的味道，會有「產自紐西蘭馬爾堡白蘇維濃的氣味」，又或是「貴腐酒的特徵，是成熟鳳梨與風乾杏子、蜂蜜的組合」，像這樣的例子已經被廣泛認可為共通語彙的表現。

正因此，透過文字表現，也能使沒有實際品嘗的他人，也能單憑閱讀而想像箇中滋味。正是在此基礎上，侍酒師的盲飲競賽才會有公正客觀的標準。

在這個原則上，例如日本特有的樟腦、蚊香、梅干等氣味，縱然日本人可以理解，可是因為外國侍酒師無從想像，所以無法成為共通的表現。例如常常聽到日本人以「有如小梅的氣息」形容黑皮諾，這同樣是不適切的表現。小梅是梅的品種或者園藝變種之一，而且生梅之中並不存在黑皮諾的氣味。若要正確表現黑皮諾的芳香，應當是「經紫蘇醃漬的小梅香氣」。縱使如此，這樣的說法也只能流通於日本人之間，面對外國的侍酒師，就無法達成有效的溝通。

即使是使用英語，若是將意義不明的詞彙直接音譯到日語中，同樣窒礙難行。不只是語意難懂的詞彙，解讀因人而異的曖昧詞彙也不宜使用。第一篇討論的「濃郁」、「深厚」也在此類之中。凡被認為「雖然是常用的說法，卻難以定義指涉何物」的詞彙，全都派不上用場。

侍酒師常被誤以為能用自由的表現語言形容酒款，其實侍酒師所使用的表現絕非個人的原創。以盲飲競賽而言，要表現一款酒，必須使用評審團全員都能理解的共同語彙。這點十分重要，不僅是在侍酒師的世界，無論在什麼場合，如果要和他人分享相同的感覺，若不使用雙方互通的語彙，就完全沒有意義。

順帶一提，最近美食節目主持人時常用「有分量」這樣的說法，不過我認為這個詞彙的意義每個人解釋不同，難以形成共同的認知。因為有人用它表達

「量的豐盛程度」，也有人用「有分量」表達「味道的濃厚程度」。

話說回來，在葡萄酒評論中，確實有「分量感」一詞，這是共通的表現。一般而言，要表現葡萄酒的酒精濃度高、酒精入口造成的灼熱感，還有酒精帶來的豐富甜味在口內擴散，侍酒師會異口同聲說：「這款酒相當有分量感。」此外，也有人使用「酒體飽滿」（Full Body）一詞，它是從分量感延伸出來的，以人體比擬味覺在口中的擴散狀態。

像這樣，表現葡萄酒的語彙，只是個人了解並不夠，重要的是多數人都有相同的認知。為了與他人分享共同的認知，了解使用某詞語背後的理由也是重要的一環。讓對方理解明白使用該表現的原因，取得對方的認同，雙方才能擁有共同的理解。在這個基礎上，不論任何一種語言都一樣。此外，如果談話的雙方不能互相理解，那也就沒有意義。

另一方面，無論在哪個領域，想必都存在只有在該領域中通用的原生語彙或表現。例如資訊業界使用的專有名詞、汽車製造商才懂的特殊用語等例子，都是只有圈內人才能了解。

用以表現葡萄酒的語彙中，有許多對日本人來說很難理解，例如紅醋栗或野草莓等，因為在日本的水果店鋪幾乎找不到。可是，它們並非只通用於法國的侍酒師之間，而是全球性語彙，所以專業人士就有必要了解它的指涉。當然，在向日本顧客說明葡萄酒時，必須再轉換成顧客了解的語彙，自不待贅言。

2 品香：嗅覺語彙

◆對香氣的初次意識

我開始真正意識到所謂的「香氣」，其實不是在日本，而是在法國。

在此稍稍揭露我的香氣體驗吧。

我在十九歲時（一九七七年）第一次旅法，長期居留布根地、波爾多等產區，走踏拜訪了許多葡萄園。過去雖然讀過不少葡萄酒相關書籍，腦海中也有一份葡萄園地圖，然而終究還是想親眼見識，因此決定赴法。我在二十歲出頭進入巴黎的葡萄酒學校，在那裡，才正式開始對嗅聞葡萄酒香這個行為產生意識。

旅法之前，我在東京的高級法國餐廳從事類似見習侍酒師的工作。不過，當時一般餐廳大多數人會喝啤酒或威士忌，只有部分的餐桌會選擇開葡萄酒，當時的日本人對葡萄酒的印象，是過於高級、難以親近的存在。

即使是在那樣的社會氛圍之下，由於我服務的餐廳喝葡萄酒的客人較多，我會盡量把握學習的機會，試飲客人剩下的紅酒以記憶其味道。若要自己買酒品嘗，不論是經濟或時間（還有年齡層面的考量）都不太允許，即使有收入，我也不是花在買酒，而大多用於葡萄酒或料理書籍。這是當時我學習葡萄酒的方式。

因為是在如此辛苦的情況下，品嘗葡萄酒的機會十分珍貴，每有機會試喝，我都會投注全副精神。然而，當時的我完全沒有注意到葡萄酒香的重要性，沒有留神品香，而是直接含在口內，只去感覺酸味、甜味、澀味等的味覺感受。

所幸後來去了法國的葡萄酒學校，才接觸到葡萄酒的香氣鑑賞。在那所葡萄酒學校中，法國的見習侍酒師也會來學習聽課。

不過，回憶當時在校所學，相較於今日的葡萄酒界，與香氣有關的知識還是相當貧乏。花香、水果香、辛香料的氣味、香草的氣味……頂多只到這種程度，在品酒紀錄的表格中，也有把氣味當作缺點的表現語句。部分別具個性的氣味，都被當成缺點。

一如日本酒的全國新酒評鑑會，以扣分法為基礎，使用的是表現扣分因素的語彙。可想而知，當時在法國掌握評論主導權的也是酒莊與釀造家，因此侍酒師發表的感想，並非站在與一般飲用者相同的立場出發。對酒莊和釀造者而言，平日試飲葡萄酒、察覺缺陷是重要的工作，所以就如同日本酒評鑑，挑剔缺點的語彙因而相對較多。

因此，當年即便是法國的侍酒師，評論也以味覺層面為優先，對氣味的表現，相對於今日的水準，可說幾乎付之闕如、點到為止。即便是擁有悠久歷史的葡萄酒傳統大國、調劑香料的香水之國，當時的法國對葡萄酒氣味鑑賞的發展還有一大段路要走，而這不過是僅僅三十年前的事。

所以，當時的日本對香氣的重要性一無所知，自不令人意外。那個時候的日本葡萄酒評論，以波爾多紅酒為例，大概只會簡單描述：「這款酒色澤濃豔，氣味強烈，稍微散發異臭，酒精濃度高，頗為扎舌。」幾乎只是針對視覺與味覺來表現。這款酒比較澀、那款酒的酸度較強等，當時的主流是「比較式」的評論。

無論如何，在巴黎的葡萄酒學校，且先不管表現方法，我先是學到葡萄酒品鑑中香氣的重要性，因此契機，我也開始對氣味越來越有興趣。隨著學會更多表現香氣的詞彙，我開始想不該只是無機地背誦單字，更好的作法應該是分類整理所有香氣的記憶，將它們體系化。當時法國的侍酒師也開始意識到香氣表現力的必要性，因此七〇年代後半，可以說是現代侍酒師品評風格的草創時代。

現代風格的第一屆世界侍酒師大賽舉辦時，是一九八三年的事了。在此之前，從一九六九年起只舉辦過三次由歐洲數國（第一屆僅四個國家）參加的競賽。也有人將這三次計入，將一九八三年的競賽視為第四屆。

◆將香氣語言化

體認到將香氣分類的重要性之後，為了進行體系化，我經過了以下歷程。

首先，將葡萄酒的香氣做出分類目錄。

果實、花、香草、辛香料、土或枯葉、化學合成氣味、異臭……先記下不同類型的筆記。

接著，品酒同時，將捕捉到的香氣分門別類到對應的目錄下。

例如，先從果實的類別開始。先嗅聞葡萄酒香，再聯想腦海所知（有記憶）的果實氣味，兩者互相對照後如果一致，就可以在香氣筆記中記錄該酒香有某果實的氣味。接下來，再依序從香草、辛香料等類別逐一判定。

然而，這過程中會遭遇到的第一個阻礙，就是腦海資訊量的貧乏。因為葡萄酒的香氣，無法用從未聞過的氣味來想像和比擬。

要克服這個問題，除了親身嗅聞實物的氣味累積經驗，別無他法。

我會去水果店聞聞果實的芳香，偶爾也會買回家再度確認。特別是對表現葡萄酒時常常用到的漿果系列，我反覆進行了這樣的練習。當然，對花香也同樣下足功夫。在這之前，賞花只停留在視覺層面，因為葡萄酒的品鑑，我也開始將花卉當作品香的對象了。

另外，我也購買了許多辛香料。在相同容器中放進不同香料，然後閉上雙眼打開瓶蓋聞香，推測容器裡面放了什麼香料。

對於香草，我也是用與辛香料同樣的方法記憶，亦時常到香草園走動。

如此這般，香氣筆記裡面的詞彙就逐日增加了。

不過，只是增加字彙量並沒有意義。詞彙若要能拿來和其他侍酒師溝通，就必須有特定的意義。所以，還要將它們轉化為可以拿來表現葡萄酒的「活的語言」。

接下來，就要進入為詞彙賦予意義的階段。

在這項作業中，首先比較各式各樣不同酒款的香氣，區分相同和相異之處。相同葡萄品種的酒款出現的類似香氣，就可能是該葡萄品種的特性；同一產區的葡萄酒裡若呈現同一系列的氣味，也可以視為該產區的特色。

發現不同的氣味時，可以揣想背後的原因：是釀造方法不同還是產區土地的不同？是品種不同還是採收年分不同？然後試飲其他樣品酒，再次確認某種相同的氣味是出於釀造方法的特色，還是來自某種木桶的香味，或是特別的風土條件呈現的特徵。對相同酒莊的葡萄酒，也可以做同樣的比較。

如此一來，透過對氣味的意識，從葡萄酒或是其他物件嗅聞氣味時，會發現自己的嗅覺能力不知不覺中有了長足的進步。

於是對香氣的記憶也會更加明晰，比較葡萄酒時就不必每次開上好幾支，能夠直接與腦中記憶的多款酒香進行比對。

◆童年氣味記憶的復甦

隨著嗅覺的能力漸漸提升，不可思議的是，童年在自然環境中遊戲的氣味記憶也鮮明地復甦了。

我出生於東京，小學三年級以前都住在東京都心的市區內。生活環境之中沒有河川、海洋、森林，連土地也極為罕見，周遭淨是柏油瀝青。不過，從三歲開始，每年我家都會到東京西部山區的奧多摩隔宿露營。白天我通常會去抓昆蟲或釣魚。用野炊鍋具煮的白飯、現釣炭烤的虹鱒都很美味，露營中的食物總是特別教人食指大動。在這層意義上，或許我在侍酒師職業中獲得的感想：「所謂飲食，就是認識食材和料理的創作過程；享受飲食，即是享受這個過程的一切，並且心懷感恩。」其出發點就是來自童年時代的露營回憶。

或許正因為小時候住在都市，所以露營體驗到的自然環境才令我深感興趣。其中一個明證，就是我變得對昆蟲非常感興趣。

剛進入幼稚園時，我只要一有空就會一直盯著昆蟲圖鑑，把裡頭的昆蟲都記下來。升上小學，我對昆蟲的興趣不減反增，是個夢想成為知名昆蟲學家法布爾（Jean-Henri Casimir Fabre）的小孩。

對這樣的孩子來說，小學四年級搬家到神奈川縣的相模原，附近森林遼闊、小河流淌，許多昆蟲棲息其中，如此的環境簡直堪比天堂。一整年下來，我只要一放學就會跑到附近的森林裡追逐昆蟲。我並不是只為了捕捉昆蟲，而是為了飼養牠們，觀察昆蟲在一年四季的生態，另外也想直接觀察在森林裡昆蟲推倒石塊、挖掘土表的自然生態。

不過，升上國中後，我對昆蟲的熱情幾乎在瞬間轉移到釣魚一類其他的事物上了。

此後過了十年，某日，過去在相模原森林玩耍的記憶突如其來地甦醒了。更講究地說，那不是對昆蟲的記憶，而是在追逐昆蟲時對森林空氣的記憶，再細究下去，是枯葉或腐葉土、樹脂或堅果、新綠嫩葉或花朵的芬芳……

我想，這或許是意識到葡萄酒香，將其語言化刻入記憶的同時，也將潛意識中在森林所捕捉到的氣味記憶一併語言化，所以最後才會鮮明地浮現腦海。

可以說，我的經驗正是透過語言化製造新的感官記憶，並且將過去記憶的感覺賦予新生命，因此讀者諸君切莫說「我沒有那種敏銳度……」而放棄。我想，反覆將香氣的記憶語言化，也能一併培養嗅覺的敏銳度。

當時的情景也隨著香氣一起栩栩如生地真實再現。就連當時穿的褲子樣式，彷彿都歷歷在目。當時是獨自一人？和朋友一同出遊？發現了什麼昆蟲？還有那隻昆蟲的氣味……就像這樣，遠去的回憶漸漸鮮明復甦。

當時，我沒有特別注意氣味的存在與它們的特色。如今想來，它們都是自然而然留在記憶中的感覺。

◆嗅覺：記憶味道的關鍵

對食物味道的記憶，嗅覺扮演非常重要的角色。

過去我曾經在某本書讀到，嗅覺是五官中最容易留下記憶的感官。

要舉例的話，你或許也有因為路人擦身而過的香水或古龍水氣息，回憶起過往情人的經驗。或是在某種因緣下，忽地想起孩提時代嗅聞的母親的味道。又或是小時候喝過的味噌湯氣味，宛若昨日般清晰，驀然浮現腦海。有關香氣記憶的人生故事，就是如此豐富。

有一種叫作「Déjà vu」（既視感）的現象。我不是專家，不敢說了解得很透徹，總之大概是看到某物瞬間，明明之前從未見過，內心卻感覺：「啊！我以前有遇過！」這是暗藏於潛意識的隱密記憶，在某個意外、時機之下忽然間被喚醒的結果。這種經驗的觸發契機，有些人是視覺記憶，以我而言，會認為嗅覺記憶的作用也很重要，因為我常常會有「啊，這味道曾經在那個時候聞過……」這類的經驗。

人們使用五官的順序，大致上依序是視覺、聽覺、觸覺、味覺、嗅覺。五官中，相對於味覺或觸覺記憶的意外性、曖昧性，記憶音樂和語言時不可或缺的聽覺，由作曲家、指揮家等記憶聲音能力比較優越的人，可以分類得相當細緻並清楚記憶下來。同時，因為視覺也是比較容易記住的感官，所以日常生活中人們太過倚賴視覺，結果很多時候就忘了還有其他感覺可以運用。但嗅覺可以感知到的芳香還是很多采多姿的，同樣可以被清楚記憶。

◆成年後再打電動吧！

前面寫到人們會在某些機緣下，與昔日的嗅覺或其他感官記憶驀然重逢，這是非常豐富的人生經驗。然而，倘若過往的經驗是一片空白，也就沒有所謂的重逢。基於這個道理，趁孩提時代多多活用感官、累積經驗和記憶，是極為重要的。

一如前述，隨著我開始意識到葡萄酒的香氣，童年時代的情景也一一浮現。今天回憶起來，對於為我打造如此環境的父母，我滿懷感激。

因此，能否替孩子打造可以多多活用五官的環境，是父母的重要課題。特別是三到十歲的小孩，我甚至認為提供一個良好的感官學習環境，是父母必須負擔的責任。

比起從未出外接觸山水自然，就算只有一次，也一定是比較好的。也許對小朋友來說，整天待在家裡打電動比較有趣，家長也或許會想讓孩子盡情做喜歡做的事，可是這樣對孩子的發展並無益處。

如果只是活在遊戲世界裡頭，不論電玩的軟硬體有多大的進展，玩家也不可能在遊戲中獲得與自然世界相同的體驗。我雖然有所批評，但偶爾也會玩釣魚遊戲，我不否認它們很有趣，特別是最近的釣魚電玩設計得還真不賴。

可是，對喜歡釣魚如我，仍舊會斷言實際釣魚的樂趣絕非遊戲可及，電玩充其量是虛擬世界。例如在池邊垂釣鯉魚，將魚鉤從錦鯉身上取出時的那股腥臭，永遠不可能重現於電動遊戲中。用作魚餌的蚯蚓被切斷時會吐泥，這時的泥土氣味也是沒有辦法透過電動得知。即使小朋友在遊戲中處理過蚯蚓，實際看到真正的蚯蚓還是會恐懼尖叫，八成也不會想伸手觸摸，對那種泥土的味道也會表現出抗拒。

當然，不是只有住在都會區的小孩不易磨練五官，那些在依山傍海、田野環繞的自然環境之中長大的孩子，不見得感官就必定比較敏銳。反之，自然環境對他們來說太過理所當然，只不過是日常風景，因此可能毫無感覺，也不會有意識地感覺。

不過，鄉下孩子的優勢是，從身邊的環境中無意識間累積氣味記憶的機會，比在水泥、電器、資訊產品圍繞下生活的都市小孩多得多。日後一旦碰上特定的契機，就能再度回憶起來。

考量以上因素，對兒童的感官鍛鍊，家長和教育單位有必要加以協助。

雖然一般而言，出生到三歲之間是感官急速發展的黃金時期，不過此時的感覺並未伴隨相對應的意識，再怎麼訓練也有限度。三歲以前雖然感官敏銳，可是因為孩子尚不具備學習能力，在此階段磨練感官是有困難的。

無論鋼琴或小提琴、花式溜冰或芭蕾，咸認三歲到小學之間是最能掌握要領的階段。特別是在小學的年紀，嗅覺雷達的範圍最廣，加上孩子有豐富的想像力，這時開始強化對嗅覺的意識，進步的程度會相當顯著。

這是因為成人難以想像的「求知能力」發揮了作用。三歲到小學之間，可以說是磨練感官敏銳度最關鍵的時期，同時，對孩子的個性與未來也會造成莫大的影響。

然而，儘管是如此關鍵的成長階段，日本卻有一種思想，要求大家都得抱持相同的感覺，那就是所謂「常識」。

例如要小孩畫一顆蘋果，父母能夠接受選擇以紅色替蘋果上色，稱讚孩子畫得真好，但若是用青或綠著色，家長就會因為「蘋果是紅色的」這種不假思索的偏見而糾正孩子：「這樣不對，重畫一次。」可是在義大利或法國，不論蘋果被塗上什麼顏色，孩子都會受到稱讚。兩者之間，有著這樣的差異。

不要用「不對」，而是改說「有趣」，鼓勵孩子發揮想像力和個體獨特性是很重要的。在法國的小學，即使是面對同樣的風景寫生，每個人最後的配色卻可以截然不同、多采多姿。如果每個人都一樣，樹幹畫棕色、葉子用綠色、水池用藍色……我認為是無聊透頂的。

所以我不禁想，要求整齊劃一的教育，從幼稚園開始真的好嗎？孩子們全部玩相同的遊戲，將紙折成相同的造型，是不是幼稚園裡有著非順從老師不可的壓力？日本的幼稚園反覆「一個人折出七隻紙鶴」這樣古板的教育，折不好或折出其他造型的小孩則會遭指正。這只不過是將孩子強塞進大人設定的窄框，強迫灌輸大人的感覺而已。

這和教導寵物狗握手的過程，大致上並無不同。

我認為人們有彼此不同的個體性，不應像狗那樣調教。如何激發出每個人的個性或說獨特性，如何使之適性發展，如何讓孩子能夠獨立……大人為了小孩好好思索這些課題並給予適當的幫助，不正是教育的本質嗎？

在日本被貼上負面標籤的「個性」，在歐洲反而是受肯定的。特別是想像力和原創性，在未來都相當重要。

事實上，不重視個性的社會，無法孕育出藝術家。許多活躍於本國的才華洋溢日本藝術家，都曾離鄉背井遠赴海外修練。他們在外國砥礪精進自己的獨特性，然後才回國大展長才。由其他的日本人觀之，或許會讚道：「竟然能在某某大賽獲獎，日本人的才能真了不起！」可是，倘若當事人一直待在日本，或許才能將永無嶄露頭角的一天。

說起日本這塊土地，豈只無法發揮個性，根本就是從本質上否定個性，甚至欲除之而後快。在打造模範完人的教育上，日本比其他國家優秀，可是歐洲的教育觀並不一樣，最大的差異在於，歐洲教育同樣有模範典型，但是他們會思考如何與之不同，甚至更加優秀的可能性。

打個比方，法國的小學週休星期三和星期日兩天，通常週六則是半天，而且學校的授課內容幾乎沒有音樂和體育。這個想法背後的原因在於，不是人人都有必要有副好歌喉，也沒必要人人都擅於運動。喜歡彈鋼琴的孩子就讓他假日去學琴，擅長足球的孩子就去加入社團球隊，在休假日練球。連興趣和嗜好都要以教育之名強加於學生不奇怪嗎？法國小學教育就是考量到這點，才會設計出相對彈性的制度。

前面完全變成教育理論了。為了取回漸漸鈍化的五感，我認為現今的日本，應該盡力培育擁有豐富感受性與獨特性的下一代，因此有感而發。

◆磨練嗅覺後開始察覺到的

以下言歸正傳。在我持續編寫香氣筆記並進行嗅覺鍛鍊的同時，某日忽然蹦出一個發現。

那是在為「年輕葡萄酒香」和「陳年老酒香」分類時的事。

「葡萄酒在年輕時雖然以果實芳香為主體，隨著在瓶中漸漸熟成，會讓人感覺到它漸漸回歸土壤的變化。」這個發現變成清楚的句子，浮現在我的腦中。

植物發芽、開花、結果，而後果實與樹葉落地轉化成腐葉土，果實裡的種子利用土壤中的養分再度生出新芽，然後成長茁壯，接著重複同樣的流程。從植物的生命週期可以感覺到的氣味變化，在由葡萄這種植物果實釀成的葡萄酒中，一樣也可窺伺到相同的轉變。

從甫釀就的葡萄酒中，可以感覺到新鮮果實的香甜，不過要是果實不夠成熟，感覺到的就會是莖葉的青澀氣息。反之，若採用過度成熟的果實，則會呈現熟爛滿溢的果香。接著，將葡萄酒裝瓶使之緩緩熟成，土壤、枯葉、蕈類、腐葉土的氣味也會逐漸彰顯。總而言之，即使釀成酒，一如葡萄果實最終會回歸土壤，葡萄酒的氣味也會讓人感受到相仿的變化。

此外，就像果實回歸土壤的這個過程，葡萄酒的氣味也會從新鮮果香轉變為好比成熟蜜餞的香味，最後表現出乾燥水果的味道。

這些形象栩栩如生地在腦海中展開。

對我來說，真是難以忘懷的一刻。

在這次發現之後，我對葡萄酒的想法有了巨大的轉變。「葡萄酒是農作物，想了解葡萄酒，對植物的認知是極為重要的。」這個今日侍酒師人盡皆知的道理，正是我當時的體悟。

後來，我的第一本著作《葡萄酒味之精髓》（『ワイン味わいのコツ』，柴田書店出版）面世。從二十三歲起不斷累積的「香氣筆記」終於成冊出版，那是我三十六歲的事了。

3 侍酒師的常用詞彙

◆葡萄酒香：具體的表現

以下要介紹的是，具體表現葡萄酒香的常用詞彙。

【表現白酒的詞彙】

●**果實類：**萊姆、檸檬、葡萄柚、金桔、柳橙、青蘋果、黃蘋果、木瓜（學名 Chaenomeles sinensis，不同於台灣常見的番木瓜）、洋梨、白桃、黃桃、杏桃、鳳梨、百香果、芒果、香蕉、荔枝、番石榴、無花果、棗椰。

●**花類：**紫丁香、百合、金銀花（忍冬）、野山楂、金合歡、決明子、白玫瑰、薰衣草、菩提樹、南京椴（菩提樹）、丹桂、德國洋甘菊、柳橙花。

●**香草類：**薄荷、蜜蜂花（檸檬香脂草）、檸檬香茅、九層塔、細葉芹、龍蒿、蒔蘿（洋茴香）、黑醋栗芽、花椒（山椒）、蘆筍、青番茄、馬鞭草、羊齒草、草坪、牧草、百里香、黃楊、青椒、杉葉。

●**辛香料類：**白胡椒、芫荽子（香菜子）、孜然。

●**乳製品類**（蘋果乳酸發酵生成的香氣）**：**優格、酸奶、奶油起司、康門貝爾起司、奶油霜、奶油、焦起司。

●**乳製品類**（有時分類到果實類）**：**苦杏仁、杏仁。

●**釀造木桶生成的氣味：**烘烤、烤吐司、香草、椰子、比司吉餅、烤杏仁、焦糖布丁、焦糖。

●**熟成生成的氣味：**堅果、榛果、布莉歐（法國奶油麵包）、摩卡、蜂蜜、乾燥水果、乾燥花、樹脂、香料、糖漿水果、蜜餞、果醬、煙燻、烤麵包。

● **其他**：蜂蠟、精製石油（油畫用具的溶解油）、石灰、打火石、白土、貓尿、麝香貓咖啡。

以上是對白酒正面形容的常用詞彙。羊齒草、精製石油、貓尿等等味道，並不是指異臭，而是視為有個性的香氣，很有意思吧？

接下來，介紹幾種在主要品種的葡萄酒中常出現的香氣：

● **夏多內（Chardonnay）**：黃蘋果、洋梨、黃桃、鳳梨、奶油、烘烤、香草。

● **白蘇維濃（Sauvignon Blanc）**：葡萄柚、黑醋栗芽、檸檬香茅、草坪、牧草、番石榴、貓尿。

● **麗絲玲（Riesling）**：葡萄柚、青蘋果、菩提樹花、南京椴（菩提樹）花、精製石油。

- **白梢楠（Chenin Blanc）**：木瓜。
- **格烏茲塔明那（Gewürztramine）**：荔枝、薰衣草、玫瑰、芫荽子、孜然。
- **維歐涅（Viognier）**：杏、白玫瑰。

一旦可以如此做出判斷準則，針對各別的特色，將嗅聞實物的感覺與詞彙互相對照，就能在盲飲時推測出所採用的葡萄品種。

接下來，即使是同樣使用白蘇維濃的葡萄酒，法國羅亞爾河（Loire）、桑塞爾（Sancerre）地區的葡萄酒呈現黑醋栗芽和打火石的氣味，然而紐西蘭馬爾堡（Marlborough）產的白酒，則多會表現出檸檬香茅或番石榴的風味。不同產區帶來的氣味差別，也要列入筆記之中。

夏多內釀的白酒，若是像法國布根地採用「蘋果乳酸發酵」，讓乳酸菌將葡萄裡的蘋果酸轉化為乳酸，就會表現出奶油或優格的乳製品香。使用橡木新桶或是部分採用新桶釀酒，葡萄酒則會呈現烘烤香、香草、比司吉餅之類的風味。

就像上面的例子，即使一個詞彙背後，也蘊含許多的意義。

【表現紅酒的詞彙】

- **果實類：**紅醋栗、覆盆子、草莓、紅櫻桃、藍莓、黑醋栗、黑櫻桃、黑莓、無花果、椰棗、梅乾、葡萄乾、紅玫瑰、東北堇、野玫瑰。
- **辛香料類：**黑胡椒、肉桂、乾草、肉豆蔻、丁香。
- **植物類：**山椒、杉葉、青椒、灌木、雪松樹脂。
- **動物類：**皮革、野味、麝香鹿、血。
- **釀造木桶的影響：**烘烤、香草、苦巧克力、焦糖、焦油。
- **熟成的影響：**枯葉、菸草、紅茶、中國黑茶、蕈類、松露、腐葉土、矮草、東方辛香料、糖漿水果、蜜餞、果醬、乾燥水果、乾燥花。

● **其他**：土、削過的鉛筆、墨水、鐵、鉛、銅。

以上都是時常用到的詞彙。

如同前面的白酒範例，以下整理紅酒主要品種的氣味特徵：

● **卡本內蘇維濃（Cabernet Sauvignon）**：丁香、甘草一類的辛香料或樹脂，偶爾會有杉葉、黑色果實的氣味。

● **梅洛（Merlot）**：土、黑色果實。

● **希拉（Syrah）**：黑胡椒、黑色果實。

● **黑皮諾（Pinot Noir）**：黑色果實、皮革、紅茶一類的枯葉系氣味。

● **內比奧羅（Nebbiolo）**：鐵、東方辛香料、樹脂、紅色果實。

● **山吉歐維樹（Sangiovese）**：黑色果實、辛香料、土、枯葉。

在腦海中分門別類，就能夠隨時檢索出正在品嘗的葡萄酒是什麼氣味。

除此之外，香氣的分類還有：用於粉紅葡萄酒或香檳一類氣泡酒的詞彙，針對波特酒或雪莉酒這些加烈酒的詞彙，用於葡萄酒負面評價的表現，對威士忌或白蘭地等蒸餾酒及利口酒的表現等。

這樣的方法並不局限於酒精飲品，亦可應用於綠茶紅茶、咖啡、礦泉水等其他飲料上。

接著，為了進行侍酒師工作中重要的一個項目——判斷葡萄酒與料理的契合程度，也必須記得食材的氣味、烹調手法導致的味道差異、調味料風味、醬汁香味等。最後，就能在腦海中揣摩出各式各樣的餐酒搭配。

◆想像味道風貌的能力

這裡要討論的是，為美味所感動的時刻，究竟是怎麼樣的情境？雖然有時也會對習以為常的口味感到滿足，不過要達到感動的程度，通常是出現在邂逅新的味道時吧。

遇上超乎過往美食經驗的絕妙料理，人們先是驚奇，然後深深感動。不過要是隔天在相同情境品嘗相同的料理，雖然前一天還因為美食而感動欣喜，今天的感受卻遠遠沒那麼強烈。如果連續三天，別說是感動，應該開始感到厭煩了吧。也就是說，由於感動必須包含驚奇感，對相同的東西，不可能持續有相同的感動。

打個比方，某位客人第一次吃螃蟹料理，對蟹肉滋味相當感動。可是，該餐廳要推出能超越當時心情的料理是很困難的。然而那位顧客，正是因為期待邂逅更上一層樓的料理，才會一而再、再而三光顧該餐廳。在這樣的情境下，為了製作出令那位顧客感到驚奇、感動的餐點，師傅必須付出更多的努力。

因此，一位優秀的料理師傅即便創造了百分百美味的菜色，也必須以此為踏腳石，向上挑戰一一〇%、一二〇%的美味，持續努力精進，否則就無法帶給顧客對美食的感動。

對料理師傅而言，「一成不變」，往往也是一種致命傷。

所謂能為顧客帶來感動的優秀師傅，取決於他有沒有想像味道風貌的能力。如果無法在腦海中描繪、勾勒出味道，便無法創造出優秀的料理。

「想像味道的風貌」又是怎麼一回事呢？

高明的師傅創作新菜色時，首先會在腦海多方思考、揣摩想像：這種食材要用怎樣的手法烹調？還有，若和那種調味料組合起來會有什麼結果？因為這兩種辛香料會混合出那種氣味，所以和某醬料搭配又會是什麼結果……

先進廚房實驗搭配，發現不行再尋求別種食材是不可能的。還得透過這種方法才能確認味道的師傅，絕對算不上高明。這和侍酒師若要評斷一款酒卻不會開上幾十支葡萄酒比對，是同樣的道理。

對有水準的料理師傅與侍酒師來說，能在腦海勾勒味道的樣貌是很重要的。那個的組合好像有哪裡不足，所以加點這個吧？不對，加點那個材料吧？像這樣，專業人士在腦中一層一層描繪出味道的輪廓。即使沒有用實物實作，也能在想像中完成一道料理。試作品的意義，充其量只是最終的確認。

要像這樣勾勒出味道的樣貌，該怎麼著手呢？

唯有將所有食材、調味料、辛香料的風味，以及料理手法等變數會造成的影響全部牢記整理，方能在有需要時信手拈來，從容自若地在腦海中描繪味道。說起來，料理師傅在學習階段，不僅是料理技術和思考方法，為了將來，也要學會能夠想像風味樣貌的工夫。

話說回來，雖說料理師傅與侍酒師都是提取記憶的資訊，不過我覺得記憶的流程有所差異。相較於侍酒師將感知到的味道和氣味化做語言來記憶，料理師傅應該比較接近利用更多的右腦機能來記憶。

第三篇

鍛鍊五感、豐富表現能力的方法

1 鍛鍊嗅覺力

◆為何要鍛鍊五感？

將五官的感覺語言化從而進行記憶的技術，不只局限於侍酒師的世界，同樣也可以應用於日常生活中。特別是對美食有興趣的朋友，透過有效率的方式將感覺轉化為語言記憶，日積月累下來，在料理部落格或是社群網站上的飲食書寫，應該都能有長足的進步。

舉個例子，在享用鯛魚生魚片時邂逅了美味的體驗。若能將此時的感覺、美味是怎樣的狀態化作語言輸入記憶，日後再次遇到美味的體驗時，對如何形容那份美味，還有如何與之前的鯛魚滋味相比較，都會比較有概念。壽司、拉麵、咖哩……任何食物、飲料皆是如此。更進一步，如果想替料理更添滋味，就會有如何下手的頭緒。

本章的主題，是如何訓練五官的感覺能力。也許讀者諸君有人以成為侍酒師為目標，不過大多數的讀者應該都是從事其他工作吧？對並非以侍酒師為職業的人，我一樣很推薦從事五感的訓練。

多方觀察、感知事物的能力越好，語言表現的詞彙就會隨之增加。

擁有優秀的洞察力和豐富的表現力，感受性同時也會更為敏銳。

到最後，不但可以察知他人的心情，也能因此擁有對人的體貼和設想，這份情感是人類活在良好心靈狀態的必要能力。我想體貼和設想的精神，對服務業者來說是不可或缺的，而且不只是餐飲或飯店業，在所有的業種都能派得上用場。

越是能夠順利圓融地工作，越能讓人生更充實、有意義。

為了這個目標，就須從五官的鍛鍊著手。日常生活中善用五官，養成對一切物件、事件、時間與空間的感知習慣，是相當重要的。進一步說，更加活化且更有意識地運用五官，就是提升個人能力的訓練。

或許有人會以為，「更加活用五官」意味著非脫離日常生活置身特殊的環境不可，其實要進行五感訓練，並沒有必要刻意遠行、跋山涉水。即便不是在那樣的環境，你也能在日常生活找到充足的訓練機會。重要的不是環境，只要多多留心，運用五官體會周遭，無論身在何處都能磨練自身的感受力。

在介紹如何訓練之前，我想先分享一段以小學生為對象，讓他們意識到五官——特別是嗅覺——的教學軼事。

◆意識「嗅覺能力」的一堂課

我曾經在ＮＨＫ電視台的節目《課外教學——歡迎校友》中，為在相模原的母校小學六年級生上課。我懷抱著讓學弟妹「養成嗅聞氣味的習慣」這樣的想法，設計並帶領了三天的課程。

第一天我們走訪山梨縣，體驗葡萄果實的收穫。先試吃現摘的葡萄，然後到釀造廠榨成汁，品嘗鮮榨果汁的滋味，最後讓孩子們嗅聞去年以同樣品種釀成的葡萄酒香。小學生當然不能喝酒，所以我是讓他們體驗鮮榨果汁與葡萄酒香的差異，去「意識」嗅聞香氣這個行為。

第二天的課程回到學校教室。同學分成三人一組進行實驗，事前準備裝入切塊食材的盒子，裡面有青椒、紅蘿蔔、洋蔥等，每組分配到的都不同。

第一名學生伸手到盒子裡觸摸，第二名學生戴眼罩嗅聞盒內的氣味，第三名學生戴上眼罩，捏住鼻子喝下把內容物打成汁的飲料，最後三人一起討論盒子裡是什麼東西。換句話說，同學們不能使用平時最仰賴的視覺能力。用手觸摸的同學擔任「觸覺代表」，嗅聞氣味的擔任「嗅覺代表」，捏住鼻子喝飲料的擔任「味覺代表」，三個人分工合作。

最後，每一組都能答出正確答案。接下來，我再問了學生一個問題：

「請問是依據哪位代表的意見決定出最終答案？」

教人吃驚的是（話雖如此，倒也在預期之中），幾乎全員都回答是由嗅覺代表所決定。也就是說，對導出正解貢獻最大者，正是嗅覺。

青椒、紅蘿蔔、洋蔥切成碎塊後，用手摸不出所以然來，即使是榨汁飲用，一旦捏住鼻子，也無法判斷那是什麼飲料。透過這個實驗，我讓學生了解到，比起曖昧不明的觸覺或味覺，嗅覺在判斷食材上扮演了重要的角色。

當天我出了一道作業，要學生把一個全黑的塑膠密閉容器帶回家，然後從家中找出一個有自己喜歡味道的器物放入盒中。

第三天的課程，是要大家在昨天帶回家的容器上開個小孔，在班上輪流傳遞，從孔中嗅聞氣味，猜測裡面放的是什麼。這是相當有意思的實驗。

觀察學生們喜歡的香味，女孩子似乎多是選擇有香味的橡皮擦或肥皂，或是有肥皂香氛的手帕。有名男孩因為喜歡皮革氣味放入了棒球手套，令我驚訝的是，還有孩子帶了威士忌（我想這段大概沒有在電視上播出），經過這三天課程，同學們也越來越習慣嗅覺了。

然後，第三天早上，我拜託相模川附近的農家讓學生摘取小黃瓜、茄子和番茄現場試吃。當時規定他們，一定要先好好聞過才可以吃。

那個時候最令學生們驚奇的是，將茄子從中間折斷，居然聞出了蘋果的芳香。許多人都訝異於明明是茄子，怎麼會跑出蘋果的氣味呢？學生隨後又體驗到，原來小黃瓜裡有香瓜的氣味。小黃瓜外皮部分雖是青澀的氣味，內裡卻散發著香瓜的氣息。

接著我們來到相模川河畔用午餐，我請每個孩子都從家裡帶便當。不過只是吃飯並沒有教學意義，於是我要他們打開便當蓋，好好聞聞各自便當裡配菜和米飯的氣味，體會氣味的強弱。打開便當蓋後，用眼睛看也無妨，我要學生感受是海苔的味道明顯、煎蛋的氣味強烈，還是香腸的香味最突出。就像這樣，一面花心思注意氣味，一面享用便當。

用餐之後，我要學生將便當的氣味強弱和對應氣味的顏色形象，用畫具在畫布上描繪出來。顏色可以自由選擇，這是將便當的氣味印象透過不同顏色，以類似抽象畫的手法表現出來的嘗試。

例如海苔，表面雖然是黑色的，不過我請同學將聞到海苔氣味時的腦海印象，各自發揮想像力呈現出來。也就是說，如果是用顏色表現海苔氣味，會選擇什麼顏色？便當裡有放海苔的學生幾乎不用原本的黑色，而是選擇綠色或青色來表現海苔的氣味印象。

不論是對同學還是對我來說，這樣的嘗試都是頭一遭。為了傳達旨趣，我也先在腦中想像便當氣味的印象，然後實際畫下來給學生作示範。

學生面對河濱景色，如實將各自心頭的氣味風景描繪成畫，全部完成後，我請大家將畫高舉過頭，那是一幅幅五彩繽紛的可愛景象。非常有意思的是，沒有兩幅畫相同，全都獨一無二。其中一名學生似乎對海苔氣味的感覺特別強烈，畫了一個大大的青色漩渦，並在其間綴上紅色、黃色的小點。

我用以下這段話總結這三天的課程：「加上了嗅覺的運用，想像力就會變得更為飛躍，就會像這次對便當氣味印象的畫作。人類能透過五官知覺萬物，透過更加深入的感受，創造力和想像力都會隨之進步，心靈也會因此更為富裕。因為在現代社會中，五官——特別是嗅覺——漸漸退化，所以從今以後，大家一起好好鍛鍊嗅覺吧！」課程結束之後，我也收到許多來自學生和家長的課程感想。

我想這樣的課程，其實對成年人來說也相當適合吧。特別最後在畫布塗繪香味的作業，相較於小孩，大人應該會覺得更困難。因為一般而言，成年人的想像力畢竟不及小孩，幾乎無論如何都會被習以為常的食物及吃法造成的成見所束縛，導致描繪出來的畫終究會接近便當菜原本的顏色。例如要表現出香腸的氣味，最後大多會受視覺形象影響，而選擇用淡褐或朱紅色畫。有多少成年人會從煙燻的角度出發，想像煙氣的灰色或青色，或者更延伸下去聯想到火的紅色，抑或是用活體豬的膚色來表現香腸氣味呢？我認為，那些才是想像力的表現吧。

◆接觸俳句後的體悟

嗅覺的重要性，在上一節小學生課程的例子已經充分說明了，不過我也懷疑，其實不只是小孩，而是日本人自古以來就不太擅長運用嗅覺。

證據，就在於俳句。

我在一次擔任電視俳句節目的來賓後，開始對俳句產生興趣。因為要在十七個日文字的短文之中，濃縮地表現出季節感以及個人感受，令我覺得非常有意思。對每天都在思考如何簡潔易懂地向顧客介紹葡萄酒的我，可以說是從俳句的表現方法中發現了兩者的共通點。

於是我下載了手機的俳句應用程式，每天閱讀吟詠俳句。

變成例行公事之後，我驀然察覺到一件事：俳句之中，有許多作品謳歌海、山、花、樹等日本豐富的自然景色和四季風景。然而，其中主要是視覺和聽覺（偶爾有觸覺）的感觸。俳句裡有非常多在視覺和聽覺的觀察上，加入當時個人的所思所想，濃縮於一個句子裡的表現。

綜觀俳句的季語（俳句中用以表現季節的固定語彙），也會發現相同的現象，就是相對於視覺表現的豐富，關於嗅覺的詞彙卻是極度貧乏。

再聯想下去，檢視古典文學如《源氏物語》，裡面對色彩有許多豐富的描繪，相關詞彙也很豐富，然而，即便有「薰君」或「匂宮」等命名與氣味有關的角色登場，對氣味的表現卻少得出奇，令人相當不可思議。

日本擁有「香道」這個香氣的傳統藝道。這是將伽羅（沉香）、真南蠻（真那盤或黑沉香）、白檀之類的香木放入香爐中焚燒，鑑賞香氣的藝術。

進入侍酒師的世界後，我也曾向朋友請益香道吸引人之處。

特別使我感興趣的，就是所謂香味的盲品。那是一種叫「合香」的遊戲——嗅聞三種香木的氣味，然後推敲出兩兩相同者。

我的初體驗，出乎意料地全部答對，因此也被旁人誇讚：「不愧是侍酒師！」可是從第二次起，越試越覺得困難。第一次的表現不過就是新手運罷了。

為了品鑑香氣，推導出正確答案，必須將每種香氣的特徵記憶下來。我所學到的香道記憶方法，是將香氣比擬作味道後，再記入腦海中。

說得更具體些，是依氣味強弱的順序，例如若是苦、甜、酸，就將這種香木記為「苦甜酸」，若是「甜酸辣」，那這款香木的氣味強弱依序就是如此。雖然是個好方法，可是甜、酸等終究是味覺的表現，依個人感受不同，以「苦」形容的氣味究竟是何種氣味，可能因人而異。若只是在合香時當作個人的記憶工具並沒有問題，然則要想讓更多人分享相同的感覺，這樣的表現方法是不夠具體的。

葡萄酒的香氣表現，無法採用這樣的手法。

話說回來，日本自古以來就有像香道這樣鑑賞香氣的傳統藝道，本身就是非常好的事。

線香亦可說有同樣的情形。有的用紫陽花、菖蒲、櫻花等花卉比喻，有的用新綠、楓紅這些詞彙狀擬，彷彿是商品命名的主流趨勢。順帶一提，國外用於香精療法的精油，諸如薰衣草、肉桂、椰子等，命名都是直接採用該香氣本身的原始材料。與之相對，香水產品則是先設定形象，再設計包裝和命名，與線香的商品設計比較接近。

無論如何，日語或許本來就沒有習慣建構一套能直接且具體用來表現嗅覺官能的方法。

因此我認為，從俳句的例子可以瞭解，對日本人的五官來說，嗅覺的運用是明顯低於視覺和聽覺的。另外我又想，若能更加活用嗅覺，有意識地將嗅覺感觸反映到詩句中，應能更逼真再現當時的情境。

一旦留意到來自嗅覺的情報，再加入視覺和聽覺的資訊，理當能夠更鮮明地表現彼時風景和個人感情。也就是說，視覺、聽覺加上嗅覺，或許就可以說是像「３Ｄ」一樣的立體印象吧。

所謂３Ｄ，大多專指在視覺上形成立體景觀的技術，相較於平面，因為有立體景深，所以觀賞3D影像時，想像力可以更加豐富。在五官中，嗅覺在拓展深度上足以產生重大的貢獻。

我認為，正是由於這樣的深度，才能夠成就更加縝密、精確、容易理解與傳達的表現。

◆嗅覺為什麼變鈍了？

前一節說明了，對語言表現來說嗅覺是非常重要的感官，然而，不只是日本人，在現代社會，人們似乎將它從五官之中忽略了。在日常生活中，嗅覺是五官之中最少被注意到的感覺。

相較於動物，人類的嗅覺甚至可以說是一種正在退化的感官。對動物而言，五官與自身安全息息相關。動物利用嗅覺躲避敵人的侵襲、確認自身的領域、判斷眼前的餌食是否安全。原始時代的人類和動物幾乎沒有不同，應當也是透過五官躲避危險，設法在自然環境中求生。不過隨著文明演進，倚賴嗅覺偵查危險的機會越來越少，因此嗅覺能力也跟著退化。

反過來說，為了保護自己的生命，人類原有的敏銳嗅覺與聽覺、視覺一樣，都是與生俱來的能力，因此，努力鍛鍊自己的嗅覺，就能恢復本來的天分，發揮最大的潛力。

讓日本人嗅覺退化的原因之一，是食物賞味和保存期限標示。這正是物質文明越方便，人類感官反而越退化的代表性例子。

過去食物只要求標註製造年月日期，並沒有所謂的「賞味期限」，所以人們只能憑藉自己的感覺，判斷食物是否安全。原始人一如動物，一切的判斷都仰賴自己的五官，就算不上溯到那麼遙遠的時代，基本上也沒有太大不同，正因如此，才會不時有食入生菌導致喪命的例子。再舉例來說，在河豚肝臟和一些蕈類有毒的知識廣為人知前，人們也是仰賴直覺和感官下判斷，決定食物是否適合入口攝食。

在像今天這樣標註了賞味期限以前，食物只有標示製造年月日，所以善於料理的家庭主婦是看了製造日期後，根據自己的感覺和經驗進行判斷。

在這種情況下，最重要的感覺就是嗅覺：直接將鼻頭湊向食物，嗅聞氣味以確認狀態。這麼說來，或許可以這樣斷言：當時的主婦較之今日，因為日常生活中不得不更常用到，所以嗅覺是相對敏銳的。

現在，因為有了賞味期限的標示，依照自己的嗅覺判斷食物新鮮與否的人日漸減少。這也可以說，因為感官的鈍化，能捕捉到的感知也就隨之萎縮。

正因如此，現代人對食物不再是一個個嗅聞氣味親身確認，只因看到過了賞味期限，就直接將食物丟棄。我還曾經聽說，年輕的家庭主婦連醬油、味噌、醋都會丟掉。

以前我家的味噌是裝在大型容器裡，放置一陣子表面會長出黴菌的那種，不過只要削除那部分，味噌本身還是可以吃的。醬油和味噌亦同，原本就是使用黴菌的發酵食品，因此發霉不成問題，更何況醋無論如何變化，我想也不會那麼輕易變質才對。

無論醬油還是味噌或醋，與其說放太久導致品質劣化難以入口，其實只是風味產生變化，至少，絕對不至於因此喪命。

由於法令的規定，現在所有食品都必須標註賞味期限，諷刺的是，這也導致人們的嗅覺日漸退化。

也因此，才出現了假造賞味期限以獲取不當利益的不肖業者。可是，消費者也有應該檢討的地方。不運用自己的感知能力，輕信賞味期限的數字和產地標示的文字，就這樣不假思索地食用或丟棄，同時也造成浪費食物的惡果。

以法國為例，也有類似的賞味、消費期限標示，卻鮮少用於肉品或魚類。反觀日本對魚肉類，例如生魚片，就有明確的消費期限。然而，即使當生魚片已經過期，拿來水煮、煎烤或燉煮卻還是可行的，這樣輕易丟棄實在令人惋惜和訝異。

以上就是沒有善用感官的明證。現在開始，正是好好活用嗅覺喚回天生敏銳感受的時候。比起他人制訂的賞味期限，更應該信任自己的感覺才是正途。

◆嗅覺的可塑性

當然，我並非指人們完全沒有用到嗅覺。例如一旦發現惡臭，每個人都會馬上有所反應。我認為究其根源，是為了保障自身安全，從原始時代以來就銘刻在人類DNA裡的作用。在這樣的情況下，或許「氣味」會是比「香味」更準確的說法。在大多數情境下，氣味不是被接受，而是遭人排斥的概念。

因此，針對氣味的嗅覺是為了保護自身。反之，以感受香味為目的的嗅覺，則被甚少為人所運用。倘若日常生活中有更多對品香的意識，我想就會像前面提及的，在文學作品諸如俳句、短歌（日本韻文和歌的一種形式）或小說中，能夠看見更多從嗅覺出發的表現。

無論是誰都具備嗅覺能力，只是這種天賦現在可說是陷入深眠，因此我期待本書能成為喚醒嗅覺天分的契機。我甚至還認為，必須得從嗅覺的磨練開始，才能正式進入五官的全面啟動。

一如本書開頭的舉例，有的人在吃肉之後，脫口而出的心得是：「因為肉質柔軟，所以非常美味。」許多人並不是從味覺或嗅覺來表現食物味道，只是以彈牙與否和舌觸狀態等觸覺感受概括對食物的形容。這正是在平日生活中過於依賴觸覺，導致味覺以及嗅覺的退化。

或許你會覺得意外，不過我認為五官之中，唯一易於鍛鍊的就是嗅覺。由於嗅覺甚少被運用，理應還有相當大的成長空間。

舉例來說，若是要提升視覺，想透過訓練讓視力從一點零提升到一點五，或是要矯正老花眼，應該都十分不易。要在短時間內快速提升平日慣用的感官能力，大抵是至為困難的。提升聽覺的難度，也不會低於視覺。

至於味覺，實際上恐怕也難以鍛鍊。這是因為味覺受器「味蕾」的數量，每天都會有程度甚鉅的增減，但是人類在成年後，味蕾通常不再會有顯著的增加。

基於以上因素，經過訓練提升嗅覺敏銳度的可能性，相對來說就比較高。為此，意識到「嗅聞」這個動作是相當重要的。先養成習慣嗅聞「香氣」而非「氣味」，透過嗅覺來體會美好的經驗。

為此，我建議在日常生活中，多多留心嗅覺這項感官。

舉例來說，很多人連喝咖啡也沒有好好聞香啜飲。縱使有時候能夠察覺古怪的氣味，然而平常在星巴克、Doutor、Tullys、麥當勞等店，恐怕沒有幾個人會先好好聞過氣味才喝入口中。人們即使會注意味道濃淡，卻鮮少想到要體察氣味的差異。更嚴格地說，事實上有些人也許只會感覺到「燙嘴」或「溫熱」，換句話說，就只有從觸覺得來的印象。

不只咖啡，往後飲用冷飲或是啤酒時，也請別光是說：「冰得恰到好處，好喝！」入口時，稍稍花點心思，好好鑑賞它們的氣味表現。

又例如，在平日通勤的路上、習以為常的空間中，若是發現花朵綻放，也請留意彼時的花香。如此一來，以後就能養成尚未看見花朵光憑芳香就能判知花開狀況的能力。

即使生活在都會區，不論住家或公司附近的小公園，還是商業區種植的行道樹，全都是具體而微的自然景觀。倘若在這些地方發現鮮花或綠葉，先別立刻上前嗅聞，練習在遠處感受香氣。養成習慣，等到下次路過再靠近品味花卉的香氛，如此一來，嗅覺將變得越來越敏銳。

另外，也可以比較經過有植樹的人行道和沒種樹的地方，自己能否感覺出來氣味的差異。剛開始可能毫無所覺，不過平素廣泛留意周遭氣味，嗅覺能力必定會日益精進。最後能夠提升到什麼水準雖然因人而異，不過因為嗅覺可說是開發甚少的感官處女地，應該會有非常大的成長空間。

◆嗅覺訓練對表現能力的影響

在日常生活悉心留意嗅覺的作用，會讓語言的表現能力更加豐富。例如，看見嫩芽時，僅僅仰賴視覺只能看到一片新綠，加入嗅覺經驗後，整體的體驗就會更緻密、立體。

素描新綠景象時，比起只靠視覺在畫布上調配色彩，要是能夠將嗅覺捕捉到的新綠清香、聽覺感知到的葉片摩娑、觸覺體會到的氣溫，甚至風的質感也加入畫作，這幅素描想必會更有深度和立體感。若能像這樣活用五官，應能將繪畫或攝影的平面世界，推演到面向更廣、角度更多的立體世界吧。

請想像印象派畫作的例子。印象派畫家無疑正是將五感接觸到的一切經驗，表現在平面的畫布之上，特別是他們對光線的描繪，與以往的寫實技法大異其趣。我想印象派畫家並非只是將映入眼簾的圖像忠實再現，而是向五官的經驗取經，再據此描繪出想像的世界。

縱使眼前是青綠森林，也不會只用綠色概括。綠色樹木裡頭還藏了棕色，林間依稀可聞鳥囀啁啾，地面有黑色土壤，各種昆蟲遊戲其上，也許還綻放著豔紅或粉紅的花朵。注意森林的氣味，還可以察覺森林的不同光景，或有粗礪的岩塊，或有穿林而過的颯爽涼風。晨風也許流透淡雅的橘，黃昏的大氣是否蕩漾朱紅色澤？我覺得印象派畫就是像這樣，透過五官捕捉一切浮光掠影，才在畫布上揮灑妙筆。

正如上述的例子，先有嗅覺的意識，接著經過一定的鍛鍊，自然而然就能均衡訓練到五官的每一項。

此外，就像我之前提過的，行道樹、大樓角落種植的花卉樹木，或是花店前、車窗外的風景……無論是在怎樣的都會區域，具體而微的自然俯拾即是，不管身在何時何地，都充滿了磨練五官的機會。

當然，也不盡然只能是與自然的接觸。去美術館欣賞繪畫或藝術作品，看電影，聽音樂會，觀賞運動賽事，或坐在市區咖啡店凝視往來行人……就算只是在家看電視，只要悉心留意，日常生活底下的各種情境裡，能夠活用五感的機會是無可盡數的。

2 五官訓練

◆用餐時刻磨練五官

在所有情境中，最能同時活用五感的，就是用餐和下廚。特別吃飯是人人皆有的訓練機會。沒有一個感官不會在此刻派上用場，而且五感中的味覺，也只有在吃吃喝喝時才有機會用到。

雖然我之前說，日本人主要是透過視覺和觸覺來形容食物，然而諸如「喀喀」、「沙沙」、「噗哩噗哩」之類的咀嚼聲，則是聽覺的感受，分辨甜、鹹、酸、苦、鮮等五味及其均衡，則是味覺的認知。再來，嗅覺也是同等重要，若沒有這項感官，就無法辨認食物（請想想那個小學六年級生的實驗），這些都是實際的感覺。

有些感覺沒有被保留在記憶中，是因為它們處在意識的領域之外，沒有被轉化成語言。由此可知，將感覺正確地語言化，也是享受飲食之樂的途徑。

在日常生活中，用餐時刻可以說是唯一能同時磨練五官的良機。

◆湖畔五官練習

除了用餐時間，要訓練五官的敏銳度，我會推薦更具體紮實的「湖畔訓練法」。例如，在假日走訪某處湖泊，在對五官有明確的意識之前，或許只能模糊不清地以「美麗的湖」一語帶過。湖畔訓練法就是深入利用五官體會環境，再將感覺形諸語言表現的訓練。

樹林環繞的湖泊在降雨之前，或許會迴盪綠色植物的氣息，也或許會浮現泥土的芳郁。拂面而來的風的觸感如何呢？冰冷或暖和？扎痛還是舒適？環繞湖泊的山巒又是何等色調？在光線對比之下，相同的「綠」是否呈現出不同的濃淡深淺？還有，湖面倒映出什麼風景？是林木綠意、環擁山巒，還是整片天空？天幕之中飄浮什麼模樣的雲朵？靜心聆聽，水波音聲或樹葉騷鳴之中，是否可聞宛囀鳥啼？湖泊中有哪些魚類？這些魚是什麼顏色、尺寸，嘗起來又會是什麼滋味呢？

經由五官將這些印象分類，說明如下：

- **視覺**：縱覽湖畔，風景之中有些什麼？湖面倒映了什麼？
- **聽覺**：聽聽看鳥鳴與風動等入耳的聲音。
- **嗅覺**：花、植物、土壤或空氣等，各自散發怎樣的氣味？
- **觸覺**：水或風接觸肌膚的感覺。摸摸看周邊的樹木和湖畔的砂礫。
- **味覺**：棲息湖中的魚類和生長在附近山野的蔬菜和香菇等，本地的物產有什麼樣的風味？

像這樣五官總動員，過去只能窺見色彩與形狀的湖泊，其隱藏面目也將逐一揭露。若能將觀察事物的角度從單一觀點解放出來，透過多方面的分析且形諸語言，就更容易銘刻在記憶中。日後要向他人敘述時，也就更能讓聽者腦海中映現栩栩如生的印象。

活用五感體察經驗，換句話說就是「獲取資訊」。觀察單單一面湖泊，能從中獲得多少資訊？比起只有視覺的天線，再加入嗅覺、聽覺、觸覺、味覺……架設盡量多方面的天線，所能蒐集到的資訊理應更為豐富。各支天線的感應能力越佳，架設天線的位置越高，就能獲得更多品質良好的訊息，於是對語言也會更加敏銳，表現能力亦將因此獲得提升。

◆與語言學習相同的機制

我在之前說過，要把對葡萄酒的表現內化成自身的知能，與要能夠熟習外語的機制，是十分類同的。

所謂的「能夠從心所欲說外語」，舉例來說，和外國友人邊走邊聊，不慎突然跌倒時能不以母語叫痛，而是發出外語的驚呼音，如果不能當下如此脫口而出，就不算是真正的熟練。若是疼痛感先以母語表現，為了傳達給外國友人得再次轉譯，這樣的流程就稱不上是已經內化了的外語知能。

這與對葡萄酒的表現完全相同。以下是個簡明易懂的例子：在侍酒師的世界之中，侍酒師這種職業的歷史尚淺，對東南亞的人而言，也還沒有將感覺化作語言的訓練，可說大約與日本三十年前的狀況相同。

目前亞洲各國的侍酒師仍主要採用英文的鑑賞用語，過程就像學習外語時從單字表一個個記憶背誦一樣，只不過要從理解詞彙所指的真正感覺和意義，再來到氣味入鼻瞬間能將正確表現脫口而出的程度，應該還需要一些時間。這和要能在跌倒表達疼痛感的情境下立刻以外國語言反應一樣，需要許多時間練習。

因為針對葡萄酒的表現已經有相當的基礎和系統，目前也還在持續發展中，市面已有不少值得熟讀的參考書，所以只要先熟記那些詞彙即可。若是無法在酒杯靠近鼻頭的一剎那，立刻說出表現葡萄酒香的專門用語，就算不上及格。必須先做到這樣的程度，才能把感覺以語言的形式記憶下來，畢竟真正重要的不是抄筆記，而是將之銘記在心。

◆盲飲的方法

以下介紹我盲飲葡萄酒時如何進行酒名判斷，提供各位參考。

眼前有一只注入紅酒的葡萄酒杯。

先是舉起杯子，透過視覺檢視外觀。色調濃烈偏紫，呈石榴石色澤。接著觀察那層好像漂浮在葡萄酒液面被表面張力撐起的碟狀透明層的厚度，再來稍稍搖晃酒杯，從杯壁上滑動的酒液看它的流動是否有黏著性。碟狀透明層的厚度與黏著性，主要是判斷酒精濃度的重點。

確認了酒體的清澈度和光澤狀態，就輪到嗅覺了。酒香芳醇且複雜，在糖煮黑莓、堇花芯、丁香、乾草等甘苦香料的氣味中，可感覺到幽微泥土、橡木桶帶來的烘烤香，以及薰衣草香調和在一起。首先從丁香和甘草等辛香料系的香氣，可以想像葡萄品種採用了卡本內蘇維濃，接著從幽微的泥土香氣推測，可能也用了少許的梅洛，然後從木桶香氣的表現看來，應該是法國橡木，再從氣味強弱推測新桶占多少比例。黑莓香的多寡可以判斷葡萄的成熟度，另外，從糖煮水果（Compote）的香氣可知氧化程度不深，顯示這支酒的年齡尚淺。

接下來是味覺。味道從濃郁的果實味漸趨安定，丹寧不會太強，餘韻十分悠長，後味的果實與辛香料氣氛延續了十秒之久。葡萄酒接觸到嘴邊或舌尖瞬間的印象，主要可以判斷酒精帶來的甜度，詞彙上則有豐富、濃郁、鬆軟等不同說法。

葡萄酒在嘴裡擴散時，先專注感受口腔前緣的酸味與甜味（感覺上的），接下來將注意力移到口腔後端，確認苦味（特別是紅酒）帶來的整體平衡，然後透過牙齦等敏感的黏膜部位，感覺它的收斂性（澀）。接著將嘴唇噘起，一面吸入空氣，一面將含在口中的葡萄酒與空氣混合，將捲入葡萄酒香的空氣吸入肺葉，換氣時通過鼻腔就可以再次確認香氣，並且在同一時間判斷後味。最後，將口中的葡萄酒吐掉，觀察後味能持續多久，這也是判斷葡萄酒品質的重要基準。

最終，來到推論酒名的時刻。這款紅酒的主要品種是卡本內蘇維濃，也加入了少量的梅洛，這麼說來，應該是在法國波爾多主要種植卡本內葡萄的梅多克（Medoc）或上梅多克（Haut-Medoc）地區的紅酒。餘韻綿延的潛力很高，所以估計是來自上梅多克。從它良好的均衡感看來，應當是出自聖朱利安村（Saint-Julien）一帶，再從熟成狀態與葡萄果實的高成熟度，我推測是二〇〇六年出廠的「Château Branaire-Ducru」。

話說回來，要從世界上數百萬款葡萄酒中找到確定的一支，是至為困難的事。相較於精準解答，重要的是如何推導到結論的過程，也就是說，重點在如何判斷那支酒的品質。為此，累積更多的經驗，磨練分析能力、語言能力、表現能力的工夫，是不可省略的。

3 豐富詞彙庫

少。

◆自己創造詞彙：以咖啡為例

對葡萄酒的描述，業已存在一套普世皆通的標準。

然而，如葡萄酒這般有一套眾所公認的語言系統的例子，卻是出乎意料的少。

日積月累下來的五官訓練，同時也可以養成求知欲和分析能力。現在我們要來探討，在這個過程中如何增加詞彙以豐富表現。

一九九八年，我寫了《咖啡之書——田崎真也的品味》（珈琲ブック——田崎真也のテイスティング，日本新星出版）一書。

日本雖然嗜好咖啡者眾，分析描述咖啡味道的著作卻很少，我在咖啡業者委託的契機之下出版了這本書。我想，或許透過介紹這本書的成書過程，能讓讀者諸君更了解如何增加語彙以豐富表現。

咖啡豆只產於熱帶和亞熱帶的部分地區。著名的產區包括巴西、哥倫比亞、衣索比亞、牙買加（藍山）、肯亞、坦尚尼亞、爪哇、印尼（曼特寧）、多數中美洲國家；此外還有夏威夷、印度、越南以及沖繩。品種方面，大多數是阿拉比卡，其他還有以爪哇為主要產區的羅布斯塔，此外尚有賴比瑞亞（剛果咖啡）。再者，即使同樣是阿拉比卡咖啡豆，產區不同自然也會造成品質的差異；另一方面，咖啡和葡萄酒同屬農作物，品質亦會受到該年天候的影響。還有，種植範圍廣大如巴西等產區，海拔高度也會造成風味的歧異。

採收咖啡豆時，豆子的成熟度和採收方法以及事前的處理方式等變數，都會對咖啡好壞造成極大的影響。其次，咖啡豆的熟成程度、烘焙方式、烘焙時間、研磨方法、研磨後的狀況、採用的水質，還有沖煮手法的不同，都會讓最後萃取出的咖啡風味大相逕庭。

挑選咖啡豆時，雖然也有透過人類感官來檢查品質的辦法，例如巴西的杯測師（cup tester）認證制度，可是深究起來，這樣的方法是對品質預設理想的基準值後再以扣分法檢驗，而非將不同的香氣以加分法的思路用標準化的語彙表現出來。

所以，我決定一方面參考專家的技術意見，一方面與咖啡業者共同整理咖啡品鑑相關的表現方法，著手進行這本書的彙編。

簡單介紹這本書的內容，第一個重點就是香氣。

香氣粗分為四種主要類型：

第一，咖啡豆。由於咖啡豆是咖啡樹果的種子，含有果實的芬芳，例如：柳橙、紅蘋果、杏桃、黑醋栗、黑櫻桃、梅干等。

第二，豆子熟成時間尚淺的香氣：青綠稻穗、雜草新芽、草本植物、開心果、特級初榨橄欖油、葡萄籽油等。

第三，豆子熟成一段時間後的香氣：乾稻穗、稻草、胡桃、花生、杏仁、大麥粉、比斯吉餅、炒栗子一類，堅果或乾燥感的氣味。

第四，烘烤香氣：焦糖、吐司、丁香、炭、可可豆、苦巧克力、肉桂、香草豆、八角、甘草、焦油、黑土、黏土、碘、礦物等。

在香氣之後，是味道的表現。

咖啡口感主要是苦、甜，還有酸，所以要觀察這三者的組合和比例。觀察的方法一如葡萄酒，從含在嘴裡的第一印象開始，最初會是以甜味為主的味道。

隨著咖啡液體向口腔後方擴散，先留意剛才甜味與酸味的均衡，接下來觀察苦味加入之後的印象，最後判斷整體的均衡度。

在這個基礎流程之後，再用語言表現不同咖啡豆及萃取、研磨方法所造成的不同風味，最後統整到味覺的圖表中。

對在餐飲業負責飲料管理與服務的侍酒師而言，通曉咖啡的風味以提供更好的服務，也是工作一環，而經由這樣的品鑑經驗，平日享受咖啡的方式自然也會展開全新的風貌。

◆如何應用：以拉麵為例

努力將感覺語言化以提高語言表現的完整度，讓我在編彙咖啡書籍的三年間著實受益匪淺。

接著，我們來談談是否能將這樣的思維，應用於表現別種食物。

描述拉麵湯頭，不要搬出那句語焉不詳的老話：「濃郁深厚，淡雅清爽。」如果能夠表現出香氣與味道的均衡感，會更容易有效傳達給其他人。然而，倘若不知道熬煮高湯所使用的材料，就無法適切表達出湯頭是什麼樣的風味。

例如，採用這樣的說法：「海帶和小魚乾的海產氣味，與豚骨熬煮出來的動物系香氣，取得絕妙的平衡」，相信聽者會更容易想像拉麵湯汁的風味。比起輕率地用「濃郁深厚，淡雅清爽」簡單帶過，細膩說明如：「初入口是豚骨濃郁豐厚的口感，不過後味卻有著海鮮風味帶來的爽口餘韻。」相信會是更具體明白的表現方式。

要達到這樣的水準，必須先了解拉麵湯頭使用了什麼食材，每種材料各自會生成什麼風味，海帶的穀氨酸與柴魚的肌苷酸相互作用會帶來什麼效果等，也要知道不同的調理手法會為食材的風味造成怎樣的影響。再者，白濁與清澈湯頭相比，兩者在作法與風味上的差異也要設法語言化，保存在記憶中。

粗麵和細麵有哪些差異？捲麵條和直麵條各適用於什麼時機？如果擁有這些知識，必定大有助益。

以品嘗拉麵來說，例如，湯汁沾附麵條的程度、咀嚼麵條的時間，與湯汁味道濃度間的關聯，都是相當重要的面向。粗麵因為咀嚼時間長，搭配濃湯才能直到最後都在口中維持均衡的口感。反之，細直麵條由於咀嚼時間短，會比粗麵吃得更快，導致同樣的湯汁嘗起來會相對濃郁，所以適合搭配味道纖細一點的湯頭。

如果選用捲麵條，因為是容易讓湯汁附著的麵體，所以搭配的湯汁風味濃淡也必須列入考慮。

當然，對配菜和拉麵整體的協調感、配菜的素材與料理方法，也要有一定的理解，才能在描述時反應出來。

例如，叉燒的柔軟程度須與麵條的咀嚼時間相同，叉燒肉的調味會使湯汁風味更顯豐饒。烤海苔的風味可以提鮮湯頭的海鮮香氣，半熟蛋也有讓麵條味道更香濃的效果……

看到這裡，你有什麼想法呢？

相較於以上的例子，可以知道對拉麵的風味用「麵條有彈性，好吃」、「手打麵就是與眾不同」、「這塊叉燒柔滑肥嫩，無須咀嚼就會在口中化開」

這樣的敘述，並不能充分表現出拉麵的美味之處。

◆風味的重要性

不只拉麵，同樣的批評對咖哩飯或漢堡排也一體適用。一如我再三強調的，無論是肉排或漢堡，比起汁液是如何飽滿，真正重要的是肉汁本身呈現何種風味。英文「flavor」在中文的對應詞，應該就是「風味」一詞，是指香氣與味道——即嗅覺和味覺的感覺。

是不是美味的拉麵？是不是口感細膩的拉麵？是牛肉還是豬肉？是鰹魚還是鮪魚？以上問題的答案，都能透過風味而自然得知。

由於平日用餐時，不太可能每次都先將鼻頭湊近食物用力嗅聞香氣之後才開始吃，若是無法在第一時間感受到它的風味，就無法評判食物。要是鼻子完全塞住了，根本無法確定自己在吃什麼，風味的重要性由此可見一斑。前面提過，以小學生為授課對象的電視節目中，在捏住鼻子的情況下，要正確判斷出飲用的果汁原料相當不易。透過那個實驗，正好能夠理解到風味與判斷食物之間的關聯。

品嘗雪酪時搞不清楚原料是什麼，也是同樣的狀況。大部分的雪酪都甜中帶酸，因此味覺上沒有明顯區別，加上冷藏過後低溫會麻痺味覺，所以不易掌握明確的味道特徵。最後，如果忽略嗅覺，只使用味覺和觸覺，往往對任何雪酪的評價都只是一句：「冰冰的真好吃。」

還有，因為草莓雪酪外觀是紅色的，所以大部分人僅憑視覺看到紅色，就認定是草莓雪酪。實際上，使用嗅覺可以發現草莓香味，可是絕大多數人卻只有透過視覺的印象來「品嘗」。

那麼番茄雪酪又如何呢？如果以網格緻密的布過濾番茄汁，濾出來的不是紅色，而是接近檸檬雪酪那樣的透明無色。因為原本溶於果汁的番茄色素是大顆粒，無法透析過織布的網格，所以流出來的是近乎透明的果汁。假設說它是檸檬雪酪，恐怕大部分人也會毫不懷疑的相信吧。

這正是沒有善用嗅覺又缺乏用心感受風味的習慣。人們因為過於依賴視覺，導致最後變成用視覺來「品嘗」食物。

若有機會，請試試看「盲品」雪酪，這會是很好的練習。

不是只有雪酪，為了讓所有食物飲料嘗起來更美味，最好養成一邊感受風味一邊進食的習慣。生活中最唾手可得方便拿來訓練的，就是綜合水果糖。因為不要看顏色比較好，所以先把雙眼閉上，再將糖果放入口中品嘗，同時感受它的香氣。方法就像啜飲葡萄酒，先將糖果含在口中吸氣，吐氣時，讓帶有糖果香味的空氣從鼻腔逆流而出，如此一來就可以更明確地感受其風味。想正確猜出糖果的口味，就必須透過味覺和嗅覺察覺到的風味下判斷。若沒有將味覺、嗅覺磨練得夠敏銳，就無法答出正確答案。

一旦養成相當的敏銳度，至少就不會再老調重彈如：「肉汁滿溢太好吃了！」如果肉汁飽滿就是美味的秘訣，那只要在漢堡排中放入更多的豬油即可。使用大量豬油的漢堡排與只用高級牛肉做成的漢堡排，兩者的差異不是肉汁的分量，而是食材本身的風味。如果沒有理解這點，遑論食材的差異，就連漢堡排裡頭的香料是什麼，甚至可能連原來漢堡排有香料都不清楚，且大部分人應該都不能分辨入口的漢堡排有沒有摻麵包粉。即使難得能吃到極品的漢堡排（所謂極品漢堡排，舉例來說，是只用霜降牛肉，將一〇〇%無黏著劑的牛肉煎至五分熟），如果欠缺風味的意識，最後對它的真正魅力也將一無所知。

要烹調肉品，必須在了解其風味的基礎上進行。相信有許多師傅會先切下一小塊煎來試吃，對一塊肉的風味有了概念後，再思考要搭配什麼香氣的醬汁。料理時強調鎖住肉汁，其實是為了讓肉汁裡的風味不致流失。

另外，常常聽到有人將「挑選新鮮貨」標榜為採買漁獲的標準，可是有些魚肉其實不易判斷，捕撈和保存方式會讓氧化程度有所不同，因此確認魚鰓顏色——可以的話靠近嗅聞內臟的味道——會是更能精準判斷的方式。

不只魚類和紅肉，蔬菜的風味也相當重要。談到挑選蔬菜的判準，例如拿起來看看是否有重量感、葉面是否清脆等，這些說法也是以視覺和聽覺為主，幾乎沒有人談論到風味。換句話說，誰也說不出一口咬下可口的番茄時，怎樣才能辨識出好的番茄香味。人們普遍不以自己的感受為基準，而是傾向說：「某處的某人栽培的番茄糖度高達十七」，或是「這顆高麗菜的糖度是十四」，直接將「糖度」這個數值作為判斷美味與否的標準。

只是，我對利用糖度判斷蔬菜滋味的這種想法頗為存疑，更重要的應該是番茄或高麗菜的風味才對。接下來，特別是以番茄來說，酸度與甜度的平衡也是重點。以酸甜平衡為目標培育出來的番茄，不論糖度高低都無所謂。總而言之，糖度絕非挑選番茄時的考量首位。正因為人們弄反了優先順序，因此我也發現最近有不少番茄氣味薄弱，卻充滿過度的甜度。

◆將感覺到的風味表達出來

日本會為牛肉劃分等級。其判斷標準是肉塊剖面的油花分布，也就是主要透過外觀，而非實際入口的滋味來評定等級。換言之，是只用視覺決定分級。

電視美食節目之所以令人發噱，是因為有的主持人會先再三強調：「這可是最讚的牛肉！」然後咬下生牛肉：「好吃，簡直就像是油脂飽滿的鮪魚肚！」像這種人下次吃到鮪魚肚時，就會讚嘆說：「哇，這完全不像魚啊！」我不禁想向電視螢幕吐槽：那你到底在吃什麼啊？

若能將風味當作表現的工具之一，就能更明確地描述出食物的滋味。例如，介紹春天當季的竹筍料理時：「毫不吝惜地大量使用當季竹筍。」如果僅僅強調分量，沒有表現出更重要的味道和香氣，最後就會淪為只有稱頌分量的評價。

反之，倘若能對風味有所察覺，就可以做出這樣的描述：「當季現採的竹筍特徵，在於釋放有如堅果般的華麗香氣，大量使用這項食材，就能充分享受到這層風味。」

義大利料理中，有一道固定搭配的前菜「生火腿與香瓜」。當然，香瓜的風味與生火腿的契合度夠高，才會使這樣的組合受人喜愛。不過這道前菜的香瓜應該是歐洲香瓜，不是像日本產如夕張香瓜那樣氣味豐富的瓜果。在義大利，為這道前菜挑選的食材，會找飽含綠色果肉帶小黃瓜風味的香瓜，它與生火腿的熟成氣味相輔相成。這種香瓜的糖度遠低於哈密瓜，輕柔的甜味會由生火腿的鹹味與美味引出。即使如此，也別單純以為是因為水果香甜和生火腿的鹹味相契合。同樣是水果，香氣沉穩的無花果也適合與生火腿搭配，可是氣味濃郁的桃和西洋梨就不太搭調了。

歐洲香瓜裡頭那份有如小黃瓜的蔬菜風味，可以為生火腿添增爽口感，也能提鮮火腿原本的香氣，因此兩者的搭配是經典組合。

說起來，日本經典的小菜「小黃瓜和沙拉米」也有類似的效果，若是在日本國內，點選「小黃瓜沙拉米」會比「生火腿香瓜」來得合乎邏輯。

有些令人意想不到的料理搭配，也可以從風味的契合度發現端倪。

例如，先吃咖啡凍再喝啤酒，不但啤酒變得好喝，還會呈現黑啤酒的口感。這是因為咖啡豆和啤酒麥芽都經過烘焙的程序，兩者相加會激盪出經過加強烘焙的黑啤風味。只聽到咖啡凍和啤酒，或許每個人都會吃驚不信，然而在描述過風味之後，不用親身嘗試，應該也能想像混搭的絕妙口感。

4 正面、加分式的表達

◆要達到傳神的表現

鍛鍊五官的敏銳度、增加擁有的詞彙，即便已經先做到這兩項，也還不能算是具備了完整的表現能力。要達到傳神的表現，還有一個重點：所有的表現都應該傳遞正面意涵。

歐洲教育下的家長和學校都同意一個前提：每個孩子都有他的優點，再適才適性地讓他們成長發展。歐洲教育的評鑑方式，是從零開始將不同的優點視為加分對象，然後逐一加總上去。

同樣地，對葡萄酒或食物的描述，也是立足於各有優點的前提之上。

所以感知事物時，盡量少用「古怪」等負面詞彙，不妨改成肯定的「個性」，再以對人類性格的描述為例，如「固執」換作「執著」，「毛躁」改為「活潑」，都會比較適切。

如果在食物中感覺到「個性」，日本人幾乎都會認為是不好的，因此才會有「異味感」這種表現。導致這種想法的遠因，正是來自「容易入口的才算美味」這樣不明就裡的刻板印象。

我們應該捨棄過去的種種成見，從一片空白開始，使用正面的詞彙與正面的評價，用正面的語言表現來描述食物。

假設一群人圍桌而座，有人打開一瓶兩萬日圓的葡萄酒。如果有人向請客的人說：「這有古早零食店賣的醃李子的氣味耶。」那是十分失禮的。就算真是如此，也不應輕率脫口而出。要是在中國餐廳品嘗價值一千八百日圓的麵食，聽到有人說：「這感覺比某款泡麵還要高級。」我應該也會怒上心頭吧。

醃李子和泡麵本身沒有問題，說的人也沒有貶損之意，只是單純想用親近切身的表現來稱讚美味。只是對聽的人來說，這無庸置疑是一種否定表現。

一般而言，發表個人意見之前，多少要顧慮到對方的心情。

此外，正如之前提及的，從對香氣的態度就能感覺到，相較於西方人，日本人更常使用負面的表現。

「聞香」、「聞味」、「聞臭」這幾個詞彙的使用時機，區別並不明確。「聞香」是正面的表現，後兩者聽起來則偏向負面的表現。

對擦香水的女生說：「今天的味道很棒呢。」雖然是稱讚，聽在對方耳裡恐怕不會太愉快。在這個情境，應該還是說：「今天的香味很棒呢。」最後獲得對方笑靨以報的機率會比較高。

再者，日本人和西方人對體味是香是臭，標準也大異其趣。在日本，主流的作法是，使用沒有味道的除臭劑消除體味；在歐洲，人們並不以消除體臭為目標，而是挑選能讓自身體味更顯魅力的香水，還有依據TPO（Time, Place, Occasion，時間、地點、場合）選擇搭配的香水。

對料理的語言表現上，也可以見到這樣的差異。以使用大量迷迭香等香草調味的小羊肉為例，日本人灑迷迭香時會解釋：「用這種香料，可以除去羊肉特有的羶腥味。」換言之，迷迭香是用來除臭的；法國人或義大利人使用香草或辛香料，卻是為了提鮮羊肉的風味。

換句話說，區分香草的使用目的，前者是當「羊肉的除臭劑」，後者是作為「羊肉的香水」。從這樣的思維也可以了解到，日本文化把香味當作除臭劑，沒看見它的正面價值，因此缺乏對香氣的語言表現，也非意想不到的事。

因此，將「正面表現」時時刻刻掛在心上，正是要讓語言表現更加傳神的訣竅。

◆加分式思考的文化

接下來，以葡萄酒的世界為例，說明加分式思考的文化。羅伯・帕克（Robert Parker）是享譽全球的酒評家，他用分數來評價葡萄酒，評分左右整個葡萄酒市場。對二〇〇五年的波爾多葡萄酒，帕克先生因為「今年是最棒的年分，所以可給予滿分」這個原因，給予許多酒莊滿分的一百分，然而許多專家都認為，那些釀出滿分葡萄酒的酒莊在二〇〇九年生產的酒款風味更佳。於是出現了一個問題，二〇〇九年的葡萄酒該如何評分？

在法國式加分法的思考下，這個問題並不難解決。只要給予二〇〇九年的葡萄酒一〇二分、一〇五分即可。

在法國，小朋友的在校成績大多是採用「二十分法」評鑑，食物和餐廳的導覽書籍，也常使用二十分法進行評比和介紹。

過去曾經有一本餐廳導覽說：「一九點五分是最高分了，因為完美的料理是不存在的。」可是，之後就出現獲得二十分的餐廳，不只如此，才以為二十分已經是最優中的最優，接下來又出現了驚人的二十點五分。

閱讀過第一篇的讀者應該不難想像，這就是加分法思考下的結果。

「最佳作品之一。」

「今年最佳葡萄酒中的一支。」

達到「最佳」級別的作品中，各自又有不同優點，加上自己的特性和人們的偏好，沒有必要訂定獨一無二的「第一名」，所以「最佳之一」的說法是成立的（不過，「妳是最棒的女人之一」這種話在法國可是禁忌）。

我認為在語言表現上，加分法的法式思考有很大的參考價值。

另一方面，「無論如何先否定再說」的扣分法評鑑方式，也對日本社會造成許多影響。

在這樣的社會，一開始就預設有極少數的「菁英」存在。以菁英為目標，越能避免被扣分的人就越接近理想典型，大家在社會體制之中競爭淘汰。因此，才會出現人人都要補習，不去就會跟不上大家的想法。

法式的加分法也非毫無缺點，從加分法背後的思維可以發現一些端倪。例如，日本家長談到小朋友的在校成績時，即使孩子幾乎在每個科目都拿滿分，卻會謙稱：「我家孩子體育不太行……」（其實根本是想吹噓小孩除了體育以外，各科成績都很優秀）不過，假設法國家長聽到對方說：「我家孩子數學很好。」可是自己的孩子數學不太靈光，就會回嘴：「我小孩的國語很優秀。」這是事實，不是意氣之爭。日本和法國家長的態度是截然不同的。

談到家人時，有些日本人也是滿嘴「我家的懶鬼老公」、「愚妻」、「笨兒子」，不論本身多麼優秀，都會以卑下的姿態，用否定的表現介紹家人。或許是基於謙讓的傳統美德，這是日本人特有的表現方式。法國人則完全相反，介紹家人時會自誇：「我太太就是這麼迷人！」或「我兒子這點很優秀吧？」

更明顯的例子，或許是贈禮習慣吧。日本人在中元節或歲末年終送禮給有恩於己的人，會習慣性補上一句：「這是不成心意的小東西。」若是西方人聽到這句話的直譯，應該會想：「為什麼要把不成心意的小東西給我？」因而感到惱火。這是日本人的習慣，嘴巴上說「不成心意的小東西」，其實是花了許多時間精心挑選的禮物。然後，收禮者也不會當場拆封，而會帶回家再拆。拆封看到禮物後，無論是滿心歡喜還是深感失望，總之，只要內容物還是個未知數，日本人就會誠惶誠恐地不敢在對方面前打開。

反之，在歐美，人們習慣收禮當場拆封，不這麼做就會被覺得不自然，所以人們會在送禮者面前馬上撕開包裝。要表現出「您贈與我的重要禮物我就開心收下了，而且絕對不會轉讓（不會將未拆封品拿回商店退錢）」這樣的心意，這個動作是非常重要的。

還有，西方人向來以在日本人看來非常誇張的程度，鮮明強烈地表達感激之情。這是自幼開始的教養，除了簡單一聲「謝謝」還能多說幾句，可以反應出收禮者的敏銳度，表現出「我從以前就好想要這個」、「這是我喜歡的顏色」，或是「這裡有小熊的圖案耶」一類具體的感謝，更能回報贈禮者的好意。

法國男人從小就培養讚美他人的能力，擁有許多用於稱讚的語言表現，所以面對女孩子，馬上可以看透應該美言以對的細節。

這對日本男人來說，卻相當困難。日本女性常常抱怨男人：「完全沒發現我剪了頭髮」、「就算心裡知道，嘴巴也不講出來」。還有，也時常牢騷自己雖然精心打扮，男方居然不置一詞。

話說回來，日本女性似乎常互相讚美。「換了眼鏡？好漂亮」，或是「那個包包的顏色真不錯」，女性之間常常稱讚彼此。男性的話，別說是互相讚美，更多時候是批評貶損，像說：「搞什麼，和上班穿的衣服不是一樣嗎？」「那件襯衫花紋是幾世紀的東西啊？」或是釣魚時曬黑皮膚會被虧：「真爽啊，天天放假喔。」「老兄你不覺得自己曬過頭了嗎？」我想，口出惡言也是一種親暱的表現，我和男性之間的對話也大多是否定，很少互相讚美。

即便過去如此，人到法國之後的我也有所改變。在社交場合，我理解到文化差異和習慣的不同，所以也開始會讚美他人。

例如，對男性友人美言：「你的時尚品味一直都很好呢。」對長輩誇讚：「您還是一樣年輕啊！」在長假之後稱讚對方：「膚色曬得很漂亮。」法國人聽了會很開心，因為曬出漂亮的膚色，是剛度過一段悠哉優雅長假的證明。

各位是否今後也該養成積極讚美他人的習慣呢？要讚美他人，必須擁有察覺優點的能力。善用五官仔細體察對方，會是很好的方法。

◆人生、商場都能派上用場的表現力

前面介紹了增加詞彙、提高表現力的方法，現在終於來到最後一節。無須贅言，掌握越多的表現方法，就越能加深溝通的深度。侍酒師的工作，就是在為顧客提供葡萄酒的服務時，判斷客人對葡萄酒是甚有涉獵還是初體驗，是想了解更多葡萄酒知識，還是對料理更感興趣。隨機應變選擇適合的表現方式，是侍酒師在服務顧客時不可或缺的能力。要能夠隨心所欲做到這種程度，專業才會受到肯定。

就算只是要向顧客說明一項產品，用來描述該產品的語言表現假設能準備一五〇個備用詞彙，然後根據對方的特質和現場狀況，挑出二、三十個詞彙，才能充分且準確地表現出來。即使是同樣的內容，面對專家和同業人士的說法，和面對一般人甚至時下年輕人的說法，應該全都不同。倘若所說的話沒有辦法讓對方理解，那就只是自我滿足，沒有表達的意義。

必須有交涉對象才得以成立的活動，最明顯的例子就是商場。首先養成良好的表現能力，再根據TPO選擇合宜的語言表現，就能在複雜的人際關係中優游自得。如果你是在業務部門服務，利用適切的語彙表達具體的說明，相信更能掌握新客戶的心。如果是從事製造業的企劃或宣傳，活用五官捕捉經驗，就更能提出有創意的點子，表現能力在新商品的宣傳上也能有所發揮。

以上和侍酒師的工作沒有什麼不同。下面簡單總結在本書中，我對磨練表現力的建議：

● 丟棄俗套的表現和既有成見；
● 逐一意識五官的作用並善加運用；
● 注意日常生活中（特別是用餐時間）訓練五官的機會；
● 將五官捕捉到的感覺形諸語言；
● 增加詞彙量，並將感覺語言化，分門別類、記憶保存；
● 依據聽者和情境，選擇對方容易接受的合宜表現；
● 盡量站在肯定的、正面的立場來表現。

如此條列下來，乍看可能十分困難，剛開始只要依照自己的程度嘗試即可。是不是明天就可以開始訓練了呢？只要持之以恆，相信你的人生會有截然不同的變化，請務必試著磨練自己的表現能力。

侍酒師的表現力（暢銷紀念版）

原書名　言葉にして伝える技術——ソムリエの表現力
作　者　田崎真也
譯　者　林盛月
審訂者　聶汎勳
特約編輯　陳錦輝

總編輯　王秀婷
責任編輯　林謹瓊
版　權　張成慧
行銷業務　黃明雪

發行人　凃玉雲
出　版　積木文化
104台北市民生東路二段141號5樓
電話：(02) 2500-7696｜傳真：(02) 2500-1953
官方部落格：www.cubepress.com.tw
讀者服務信箱：service_cube@hmg.com.tw
發　行　英屬蓋曼群島商家庭傳媒股份有限公司城邦分公司
台北市民生東路二段141號2樓
讀者服務專線：(02)25007718-9｜24小時傳真專線：(02)25001990-1
服務時間：週一至週五09:30-12:00、13:30-17:00
郵撥：19863813｜戶名：書虫股份有限公司
網站：城邦讀書花園｜網址：www.cite.com.tw
香港發行所　城邦（香港）出版集團有限公司
香港灣仔駱克道193號東超商業中心1樓
電話：+852-25086231｜傳真：+852-25789337
電子信箱：hkcite@biznetvigator.com
馬新發行所　城邦（馬新）出版集團 Cite（M） Sdn Bhd
41, Jalan Radin Anum, Bandar Baru Sri Petaling, 57000 Kuala Lumpur, Malaysia.
電話：(603) 90578822｜傳真：(603) 90576622
電子信箱：cite@cite.com.my

封面設計　葉若蒂
排　版　優克居有限公司
印　刷　中原造像股份有限公司

城邦讀書花園
www.cite.com.tw

家圖書館出版品預行編目資料

侍酒師的表現力 / 田崎真也作；林盛月譯. -- 二版. -- 臺北市：積木文化出版：家庭傳媒城邦分公司發行, 2018.07
面；　公分 --（飲饌風流；48）
譯自：言葉にして伝える技術：ソムリエの表現力

ISBN 978-986-459-144-2(平裝)

1.飲食　2.品酒

427　107010842

2014年 4 月29日　初版一刷
2021年10月19日　二版三刷
售　價／NT$350
ISBN 978-986-459-144-2